高等院校艺术学门类"十四五"规划教材
食物与设计丛书

食物与设计

FOOD AND DESIGN

编著 陈莹燕 宋华 员勃

华中科技大学出版社
http://www.hustp.com
中国·武汉

内 容 简 介

食物与设计是一个有着复杂且精致结构的概念，这一概念由许多个互相合作甚至交融的分区组成，并且涉及许多行业和社会元素。食物设计的类别有很多种划分的方式，每个类别之间有着千丝万缕的联系，因此，食物设计的类别只能进行相对划分而不能进行绝对划分。在本书中，作者根据读者学习的实际需要将食物与设计划分为四个基本组成模块，并根据这些基本组成模块，将全书分为四部分进行叙述，即认识食物文化、走进食物设计、推动食物设计思考和食物与可持续发展。

食物与设计也是一个"跨界"的、综合性的专业，是一个提升人类生活质量、改变生活方式的专业，这个专业内涵丰富，值得我们不断探索。

本书采用了大量国内外优秀设计作品案例，注重理论联系实际，具有实用性和创新性，可作为艺术设计、食品等相关专业教材，也可供对美食、文化感兴趣的读者阅读、参考。

图书在版编目（CIP）数据

食物与设计 / 陈莹燕，宋华，员勃编著 .—武汉：华中科技大学出版社，2020.12
（食物与设计丛书）
ISBN 978-7-5680-4219-2

Ⅰ . ①食⋯ Ⅱ . ①陈⋯ ②宋⋯ ③员⋯ Ⅲ . ①食品 – 设计 Ⅳ . ① TS972.114

中国版本图书馆 CIP 数据核字 (2020) 第 254577 号

食物与设计
Shiwu yu Sheji

陈莹燕　宋华　员勃　编著

策划编辑：彭中军
责任编辑：刘姝甜
封面设计：孢　子
责任监印：朱　玢
出版发行：华中科技大学出版社（中国·武汉）　　　电话：（027）81321913
　　　　　武汉市东湖新技术开发区华工科技园　　　邮编：430223
录　　排：武汉创易图文工作室
印　　刷：武汉精一佳印刷有限公司
开　　本：889 mm×1194 mm　1/16
印　　张：6
字　　数：194 千字
版　　次：2020 年 12 月第 1 版第 1 次印刷
定　　价：59.00 元

本书若有印装质量问题，请向出版社营销中心调换
全国免费服务热线：400-6679-118　竭诚为您服务
版权所有　侵权必究

《"健康中国2030"规划纲要》指出，要将健康教育纳入国民教育体系。2019年，联合国教科文组织的世界文化与饮食论坛强调，文化、饮食与教育是推动社会变革和可持续发展的强大力量。

我国是一个有着五千年历史的泱泱大国，农耕文明、饮食文化贯穿我国文化的始终，因此，食物与设计是自然，是社交，也是一种文化现象。它是现实和想象世界中的一个特别的载体，是人和人建立情感的一种方式。当今时代，全球将迎来一场食品的革命，食物设计领域的边界正在不断被拓展。

随着体验经济时代的来临以及人们生活质量的提高，人们对食物的诉求已经从饱腹、良好口感、优美外观上升到带来注重交互与情感的饮食体验的高度。食物本身是可食用的信息载体，传递着不同族群、不同国家的思考方式和文化等社会议题，食物设计因此成为有巨大研究空间和发展潜力的新型交叉学科。设计师透过以食物为媒介的设计，探索食物与食物、食物与人类、食物与社会等的更多可能性。设计师在对全新食物设计方法进行的一系列行为探索中，如何注入对食物美学和新兴科技体验的思考？在食物安全、环保、品质、美学、技术、伦理等所带来的生活方式和生活观念、文化观念转变的影响下，食物设计领域需要汇聚各方力量，结合社会经济发展等需求以及新的社会问题，更好地进行学科交叉融合。设计相关学科当前也愈加讲求学科交叉、跨专业协作，学科间边界已很难去划分。本书将尝试以设计学科为出发点，与食品学科进行碰撞，促成创新，不断探索食物设计的未来。

"食物"是食物吗？是，也不是。它既关乎食物本身，又关乎因为食物而引发的一系列设计活动。

无论现在还是未来，食物永远是人类的核心话题。

本书共分为四部分，陈莹燕执笔第一部分和第二部分，宋华执笔第三部分和第四部分，员勃提供了宝贵的资料并对本书进行了修改。在编写本书的过程中，作者深刻感受到现代设计的发展之迅猛，也希望能以此书体现出对这种发展的敏锐感知、深刻反思和前瞻性的探索。本书采用了大量国内外优秀设计作品案例，注重理论联系实际，具有实用性和创新性，可作为艺术设计、食品等相关专业教材，也可供对美食、文化感兴趣的读者阅读、参考。

本书的主审人为二级教授、博士生导师陈汗青。陈教授曾任武汉理工大学艺术与设计学院院长、教育部高等学校工业设计专业教学指导委员会委员、教育部高校艺术硕士专业指导委员会委员、中国建设环境艺术委员会副会长、湖北省高等教育学会艺术设计专业委员会理事长等职。陈教授是武汉轻工大学艺术与传媒学院"常青学者"、特聘教授，在百忙之中对本书的编写提出了许多宝贵意见，本书也受到了其捐资设立的"汗青艺术教育奖励基金"的资助，在此表示由衷的感谢。

同时，感谢书中所有设计作品和参考文献的作者，他们的成果为本书提供了例证和支撑材料。书中出现的所有图片、照片版权归原作者所有，在此仅供学习使用。

由于本书内容具有相对探讨性，不完善的地方在所难免，恳切希望广大读者批评指正。

作　者

2020 年 11 月

目录
Contents

第四部分　食物与可持续发展　76

第一部分

认识食物文化

第1章　食物与生命

1.1　食物的诞生

　　人类早期的历史,是一部以开发食物资源为主要内容的历史。正是这一历史过程形成了一定的社会结构,促进了社会向前发展,创造了悠久的史前文化。中国发现的古人类化石及其文化遗迹相当丰富,最著名的有早期直立人元谋猿人和蓝田猿人、晚期直立人北京猿人、早期智人丁村人、晚期智人山顶洞人等的化石。这些古人类生活在 100 多万年前至约 1 万年前,即旧石器时代,他们是一群群、一代代饥饿的猎民。为了维持自己的生存,他们要与形体大小和力量远远在自己之上的许多动物搏斗,庞大的犀牛、凶猛的剑齿虎、残暴的鬣狗,都曾经是他们的腹中之物,其他温顺柔弱的禽兽,还有江河湖沼的游鱼虾蚌,就更是逃脱不了这些原始猎民的搜寻了。

　　除动物之外,古人类更可靠的食物来源是植物,即长在枝头、结在藤蔓、埋在土中的各类野果和野菜。在连这些果蔬一时也寻觅不到的时候,他们不由自主地把注意力转向植物的茎、秆、花、叶,选择品尝那些适合自己口味的东西,不知通过多少世代的尝试,也不知付出了多少生命的代价,才筛选出一批批可食植物及可食果实。

　　在距今 1 万年前后,随着农业的发明和制陶术的出现,人类社会进入到考古学家所说的新石器时代。在中国大地上发现的新石器时代遗址数以千计,星罗棋布,其中尤以黄河两岸分布最为密集。黄土地带和黄土冲积地带,在距今 8 000 ~ 10 000 年前的新石器时代早期,已经有了一些原始的农耕部落,创造了粟作农业文明。这些农耕部落赖以生存的就是黄土与黄河，他们创造的文化被考古学家们分别命名为白家村文化、磁山文化、裴李岗文化和北辛文化。现在人们熟知的仰韶文化和大汶口文化，正是在这些早期文化的基础上发展起来的，这两种文化背景下人们仍然是以粟类种植作为获得食物的主要手段。长江流域的开发史也与黄河流域一样古老，在距今近 1 万年前，也有了原始农耕文化，不同的是，它不是北方那样的旱作，它的主要农作物是水稻。图 1-1 所示为李桦版画《刀耕火种》与农耕文化。

图 1-1 李桦版画《刀耕火种》与农耕文化（图片来源于《中国拍卖》）

中国古代将栽培的谷物统称为五谷或百谷，主要包括稷（粟）、黍、麦、菽（豆）、麻、稻等，除麦和麻以外，其余的距今都有 7000 年以上的栽培史。原始农业的发生和发展，使人类获取食物的方式有了根本改变，变索取为创造，变山林湖海养育为黄土大河养育，饮食生活也有了全新的内容。

原始农耕的发展，同时还使得一个辅助性的"食物生产部门"——家畜饲养业产生了。家畜中较早驯育成功的是狗，由狼驯化而来。中国多数新石器时代遗址中都有狗的遗骸出土，年代可早到距今近 8000 年。农耕部落最重要的家畜是猪，与家狗基本同时驯化成功。中国传统家畜的"六畜"，即马、牛、羊、鸡、犬、豕，在新石器时代均已驯育成功。我们当今享用的肉食品种的格局，早在史前时代便已经形成了。

食物随着原始时代饮食的产生得到了初步发展。到了先秦两汉时期，我国饮食有了很大的发展，表现在食物原料方面，即食物原料开始丰富多样、五彩缤纷。

首先表现为粮食作物已成为日常食源。三代时作为粮食作物的五谷已备，除了此前已被广泛种植的黍、稷、粟外，麦、粱、稻、菽、菰已在人们日常食物中占有较大比重。在我国古代农书《夏小正》中，已记载种植有麦、黍（黄米）、菽（大豆）等。

其次表现为蔬菜和水果的丰富。《诗经》《尔雅》《山海经》中记载最多的陆生蔬菜有瓜、韭菜等，水生蔬菜有蒲、莲藕等，调味蔬菜有葱、薤头等，此外还有可采集的各种野生菌类，如木耳、石耳等。关于水果的丰富，《山海经》记有海棠、沙果、梨（棠）、桃等，《诗经》中除以上水果外，还有桑葚、木瓜、枳。西汉时张骞通使西域，从西方传入了蒲桃（葡萄）、胡桃（核桃）、无花果、石榴、西瓜、哈密瓜等。

最后表现为，动物性食物在饮食中的地位日渐重要，这些动物性食物主要靠畜牧和狩猎获得。在甲骨文记载中就有马厩，而殷代对畜养的马、牛、犬等分类很细，并有役使、祭祀和食用的各种区别。商代后期的妇好墓出土物中就有许多玉雕动物，从中可见马、牛、羊、狗、猴、兔、龟、鹅、鸭、鸽等家养畜禽的逼真造型，说明早在三千多年前家畜家禽就已定向驯养了。《周礼》中记载的中原贵族驯养食用的畜禽有野猪、野兔、麋鹿、麝、雁、宴鸟鹑、野鹅等。到了汉代，汉族地区畜养牛羊数目达一二百头的农家大量出现，而一般百姓逢年过节都要烹牛宰羊，大摆宴席。三代时捕鱼业也有很大发展，据专家鉴定，殷墟出土的就有鲻鱼、黄颡鱼、鲤鱼、青鱼、草鱼、赤眼鳟等鱼类的骨骼。同时，池塘养鱼也得到了很大的发展。

随着肉类食物的发展，动物脂膏也被人们食用。先秦时人们食用动物脂肪，到周秦两汉时油脂已被广泛食用。两汉时，人们已普遍开始使用和食物植物油，当时除麻籽油、菜籽油外还有胡麻油、大豆油等。

各种调料的发现和利用，也为烹饪的发展做出了重大贡献。先秦两汉时期的自然调味品有盐、梅子、蜜、姜；人工调料有醯、酒、酱、醢等。

两宋一直到元明清，可以说是中国饮食原料结构的较大变化期，这种变化，首先表现为主要原料的不断增减、更替，比如延续了近两千年、在人们饮食中占有重要地位的菰米，在宋代时逐渐减少，至明清已完全淘汰，而小麦、小米、高粱的比例不断增加，成为北方地区的主要粮食作物。麻籽逐渐由全食变成了油料，大豆、绿豆、扁豆、豌豆等豆类作物，随着豆制品的发展，成了主副兼用的粮食。其次表现为人工培育的蔬菜瓜果的日渐增多，而人们渐渐不再食用野菜。同时，数百年来陆续从域外引进的甘蓝、苴蓝、菜花、丝瓜、黄瓜、苦瓜、南瓜、辣椒等，大大地丰富了中国饮食的原料和味道。再次表现为，肉类原料中，此前的野禽野兽已逐渐被家禽所代替。最后表现为，花卉类原料进入饮食原料的行列，被加入饮食的制作过程。各种花卉可以入茶、酿酒，如茉莉、玫瑰、芍药、蔷薇、玉兰、菊花、金银花、桂花、蜡梅、百合、桃花等。花卉还可以用来制作各类糕饼饭粥，制酱，甚至可以直接食用。

总之，中国饮食极具广采博纳精神，历代人们不辞劳苦地去探求各种食物原料，使食物原料得到了极大的丰富和扩展，而食物原料的丰富和扩展，又为中国饮食的五彩纷呈提供了必要和前提条件。

1.2 让食物回归自然

人类可能已经忘却自己从何而来，我们本属于那动人心魄而又遵循万千规律的天地，当工业化占领了科技乃至人心的时候，我们已经与原有的美好渐行渐远。有些食物看似美丽，但却可能是偌大的陷阱，回顾被施与农药与化肥的蔬菜到被激素"连累"的牛奶，也许只有尊崇自然的伟大，膜拜曾经绿色的田间小径，我们眼前的缤纷世界才会因我们的反省而久远留存。

其实，食物真正的味道就是自然的味道。可能有人会提出疑问："这不是科学技术的倒退吗？"用一首打油诗来回答："手把青秧插满田，低头便见水中天。六根清净方为道，退步原来是向前。"从某个层面而言，我们的食物是"被化肥""被农药"的，其实中国的传统农耕文化非常美好。如果想吃到真正好吃的食物，我们就一起去农村，农村的一个农户就是一个经济体，农户养的一头猪可以消化许多废物。有机会我们可以多去农村感受自然，被大自然拥抱的乡村很美好。

同时，我们的生活态度也要适时改变，要拿出最大的热情，"反哺"农村，农村也要坚持自己的农耕生活，保护好原环境、原生态，不能让"麦当劳""肯德基"给下一代做食物方面的启蒙。当然，我们还要保护原住民的生态，不能抛弃原生态，要尊重农村原住民，帮助他们将农耕生活永远保持下去，这是农耕文化延续的根本。

农耕文化体现了美食与大自然的关系，这种关系妙不可言。地球上各个国家的人们都以食为天。大自然赐予了人们丰富的食材，而人们用这些丰富的食材做出了美味的食物。

不管是在日常生活中还是逢年过节，很多人都会选择聚餐放松，这正是因为美好的菜肴和放松的氛围能给人们提供很多不同的体验。

大自然巧妙地赐予了我们食材的口味，就像菠萝的酸、苹果的甜、苦瓜的苦、辣椒的辣、腊肉的咸，可以说，酸甜苦辣咸，每一种口味都是一种极致的体验。

人类自从呱呱坠地就开始了对外界一切的依赖。我们依赖食物，依赖亲人，更依赖大自然。大自然赋予我们生活的意义，为我们的生活增添色彩。

品种繁多的食物为我们提供了能量，我们更要保护好大自然，这样才能做到可持续发展。比如"反哺"乡村、垃圾分类、保护动物，等等，都是尊重大自然的表现。

《大自然在说话》是一部以大自然为"第一人称"的系列公益影片。该系列影片自2014年10月发布以来便获得了好莱坞极具影响力的演员及其他公众的持续关注与支持。中文版配音阵容十分耀眼，蒋雯丽、姜文、葛优、陈建斌、周迅、濮存昕、汤唯等分别为大自然母亲、海洋、雨林、土地、水、红木、花等发声。此片以大自然独特的视角，让人类倾听大自然的声音，引发人类对自己行为的思考，并倡导人类关爱环境。

石嫣，中国人民大学博士毕业，国内第一位公费去美国务农的学生，现在在北京著名的有机农场"小毛驴市民农园"里工作。"小毛驴市民农园"里真有一头毛驴，它的名字叫"教授"，据说是中国人民大学教授温铁军取的。毛驴、牛、狗和鸡的存在，让土地看上去还算得上广阔的"农园"显得颇像真正的农村。石嫣于2008年飞赴美国，去到明尼苏达州的一个名叫"地升农场"的"大学"，专门研究一种新型农场经营模式。她有个暗藏的计划——建立中国第一个"社区支持农业"（community supported agriculture，CSA）农场，直接把健康菜送到社区居民家里。"社区支持农业"，其实反过来说，也可以称得上是"农业支持社区"。

香港有个环保基金会叫"社区伙伴"，是一个多年来一直在内地支持推进城乡农业交流的环保组织。"小毛驴市民农园"就是这一组织的长久合作伙伴。曾经，"社区伙伴"里的有志之士的理想，是让农业回归农业，让食物回归自然本性。然而，由于让食物摆脱农药、化肥、转基因技术、环境激素、除草剂、催熟剂、膨大剂、着色剂等已经越来越艰难，需要让城市里的居民给这样的原生态农场多一点支持，让其得以较为健康地成长，不至于夭折。

然而，艰难是多方共通的。当农村感觉到其种植的农作物有问题时，食用这些农作物及其制成品的人也能感觉到每天入口的食物"风险重重"，他们也在想要打破城市的阻碍，寻找到大地上的真实物产，寻找到每一粒都带着阳光的香味、水的温度和土壤的激情的粮食。对于这些远离土地、远离农村、甚至分不清麦子和水稻的城市居民来说，"农业支持社区"，可能比"社区支持农业"来得更加迫切。

但是，这一切都掩盖不了国人面前的一个糟糕现实——消费畸形。我们在大量消费，但消费得到的有时候却是假冒伪劣甚至有毒有害的产品，然后，这些享用无望的剩余物成了垃圾，导致所有城市都为泔水和废品所困。

如果能够减少消费量，同时让产品本身变得精致、可信起来，我们是不是都落得轻松自在？

当蔬菜、水果和肉类变得昂贵，那么同等的钱将可能买得更少，而这些可信的食物由于珍稀可能被制作得更加精心、食用得更加彻底，我们吃进肚子里的东西可能不会少下去，扔掉的东西却可能迅速减少。这几乎是一个可以较理想地让多方共赢的途径了。

精致生产、精确消费，像日本或其他国家的人那样做，我们将避免遭受廉价又粗制滥造的食物带来的灾难，从而避免频繁陷入灾难的泥潭不可自拔。

一切都是可以改变的。生产不需要太多，但一定要精致、可信和美好。消费不应追求量大，而应追求精美。需要多少，就购买多少；烧煮了多少，就食用多少。这样的方式，也许可以称为"轻食"，也许可以称为"精确消费"。

在一个不那么让人放心的社会，可让我们放心的，可能也只有这么一条道路，一条让食物回归自然的道路。

1.3 食物的四季赋能

四季餐桌，属饮食养生文化范畴。一年四个季节，从气候的变化到生物的发展各有不同，博大的中华传统饮食文化将"四季"纳入其中，对于不同季节的饮食也颇有讲究，将大自然的规律与饮食规则、养生方法相结合。所谓四季餐桌，是指餐馆应季推出适口的饭菜，使人们可以了解自然生长的植物分别产自哪个季节，以及哪个季节吃什么食物对人体有益，并按照时令节气调整饮食结构，保障家人身体健康。

中国饮食文化突出助养生息的营养论，并且讲究色、香、味俱全，这一点也体现在我国的节气饮食文化里（以下二十四节气与传统食物图片来源于"易水寒"公众号）。

立春吃春卷（见图1-2）。立春是二十四节气之首。过去立春的早上人们都要吃一根春卷。立春吃春卷是由古代立春之日食用春盘的习俗演变而成的。吃春卷又叫"咬春"，据说可以"咬住"春天，民间在立春这一天还要吃一些春天的新鲜蔬菜，既为防病，又有迎接新春的意味。

图1-2 立春吃春卷

雨水吃龙须饼（见图1-3）。公历每年2月18日前后为雨水节气。此时，气温回升、冰雪融化、降水增多，故取名为雨水。雨水节气后不久就是民间所说的"二月二，龙抬头"，人们吃龙须饼是为了怀念在大旱中因悲悯村民而私自降雨，被罚压在山下的天龙。

图1-3 雨水吃龙须饼

惊蛰吃驴打滚（见图1-4）。惊蛰过后，大地复苏，阳气上升。俗话讲："惊蛰过，百虫苏。"这一节气前后，民间流行许多驱毒的活动。人们吃驴打滚寓意"害虫死，人翻身"。

清明吃青团（见图1-5）。清明时节，江南一带有吃青团的风俗习惯。青团是将一种名叫浆麦草的野生植物捣烂后挤压出汁，接着取用这种汁同晾

图1-4 惊蛰吃驴打滚

图1-5 清明吃青团

干后的水磨纯糯米粉拌匀揉和，然后制作成团子，蒸熟食用。

谷雨采茶食香椿（见图1-6）。南方有谷雨采茶习俗，传说谷雨这天的茶喝了会清火、辟邪、明目等，所以谷雨这天不管是什么天气，人们都会去茶山摘一些新茶回来喝；在北方，谷雨时节人们有吃香椿的习俗，谷雨前后正是香椿上市的时节，这时的香椿醇香爽口，营养价值高，有"雨前香椿嫩如丝"之说。

图1-6　谷雨采茶食香椿

立夏吃鸭蛋（见图1-7）。每年5月5日或5月6日是立夏，而立夏吃鸭蛋叫作"补夏"，传说可使人在夏天不会消瘦，不减轻体重，劲头足，干活有力。中医说，人在夏天吃了咸鸭蛋有劲，咸鸭蛋是夏日补充钙、铁营养的首选。

小满吃苦菜（见图1-8）。小满于5月来临，传统认为5月属于"毒月"，应该减酸增苦，多吃点苦的东西。"春风吹，苦菜长，荒滩野地是粮仓"。小满前后是吃苦菜的时节，苦菜是中国人最早食用的野菜之一。

芒种吃梅子（见图1-9）。这一节气前后天气炎热，进入典型的夏季。青梅含有多种天然优质有机酸和丰富的矿物质，具有净血、整肠、降血脂、消除疲劳等独特的营养保健功能，适合此时食用。

图 1-7　立夏吃鸭蛋

图 1-8　小满吃苦菜

图 1-9　芒种吃梅子

　　夏至吃面（见图 1-10）。夏至是全年白昼最长的一天，在北方，此日民间流行食面，有"冬至馄饨夏至面"的说法，在西北地区（如陕西）这一天要吃粽子，并取菊花烧成灰用来防止小麦受虫害；而南方，有的地方吃麦粥，有的地方则要中午吃馄饨。

图 1-10　夏至吃面

　　大暑吃仙草（见图 1-11）。大暑是一年中最热的节气。民谚有云，"六月大暑吃仙草，活如神仙不会老"。

　　处暑吃鸭肉（见图 1-12）。处暑的意义是"夏天暑热正式终止"，人们在处暑这一天，有吃鸭子的习俗。

图 1-11　大暑吃仙草

图 1-12　处暑吃鸭肉

白露吃龙眼（见图1-13）。人们认为，白露时吃龙眼有补身体的奇效。

立冬吃饺子（见图1-14）。立冬表示冬季开始、万物收藏，这时，就要开始进补了。在北方，"饺子"的叫法来源于"交子之时"的说法，立冬是秋冬季节之交，故"交子之时"的饺子不能不吃。

图 1-13　白露吃龙眼

图 1-14　立冬吃饺子

冬至吃馄饨（见图1-15）或汤圆。馄饨、汤圆这类象征团圆的食物可谓冬至餐桌上的首选。南方民间有"吃了汤圆大一岁"的说法。冬至吃汤圆，在江南尤为盛行。汤圆也称"汤团"，冬至吃的汤团又叫"冬至团"。"冬至团"可以用来祭祖，也可用于亲朋互赠。

小寒吃菜饭（见图1-16）或糯米饭。到了小寒，老南京人一般会煮菜饭吃，菜饭的内容并不相同，有的人用矮脚黄青菜与咸肉片、香肠片或板鸭丁，再剁上一些生姜与糯米一起煮，十分鲜香可口。菜饭或糯米饭甚至可与腊八粥相媲美。

大寒吃八宝粥（见图1-17）或八宝饭。民间有大寒节气吃糯米的说法，因为糯米能够补养人体正气，起到御寒、养胃、滋补的作用，人吃后会周身发热，而糯米制作的食品，最典型的就是八宝饭。糯米蒸熟，拌以糖、猪油、桂花，倒入装有红枣、薏米、莲子、桂圆肉等食材的器具内，蒸熟后再浇上糖卤汁即成八宝饭。

图 1-15　冬至吃馄饨

图 1-16　小寒吃菜饭

图 1-17　大寒吃八宝粥

二十四节气的饮食传统说明，四季气候的变化会影响人体的生理，导致人体生理变化。为使人的身体在这种变化中保持健康，应该研究一年四季中的二十四节气的饮食养生原则，使人们能够利用饮食来改变身体状况，克服气候变化对人体带来的不利影响，从而达到养生之目的。

健康是人类一直追求的目标，而今全民健康已上升为国家的战略主题,全民健康关系着中华民族的伟大复兴梦,只有每个人健康,整个国家才能健康。世界卫生组织曾指出,运动与合理饮食是达到健康的必要条件,要想实现全民健康,需从运动与健康饮食两方面入手,两者相辅相成、缺一不可。

合理健康的饮食标准指一日三餐所提供的营养必须满足人类生长发育和各种生理以及身体活动的需要。人体与外部环境通过食物进行物质与能量交换,因此,食物对人体健康有着至关重要的影响。人类机体一旦出现营养不足、过剩或比例不适当等问题,人类健康就会受到影响。

全民健康是社会经济可持续发展的重要保障,运动与饮食健康均是改善人类健康状况的手段,其中,饮食健康是全民健康的基石,而全民运动则可固本培元。

第 2 章　食物与文化

2.1　人们眼中的食物与食品

《中华人民共和国大辞典》指出，食物是指能够满足机体正常生理和生化能量需求，并能延续正常寿命的物质。

《中华人民共和国食品安全法》中对"食品"有着明确定义："各种供人食用或者饮用的成品和原料以及按照传统既是食品又是中药材的物品，但是不包括以治疗为目的的物品。"

从这两个权威的解读来看，食物与食品有共性，也有差异。

共性之处在于"食"，即食用，就是可以吃。我们需要吃进身体的东西，都要求满足营养需求和感官品质需求，目的是延长人的寿命。比如，蘑菇对于采蘑菇的人、卖蘑菇的人和买蘑菇的人而言，都是能吃且有营养价值的。

差异之处则在于"物"和"品"两个字。

"物"，可引申为物权，即人对物的所有权，也就是"食物是谁的"，例如，蘑菇是小姑娘自己采的，是属于她自己的，蘑菇对于小姑娘而言就是食物。

"品"，可引申为商品，本意是用于交换的产品，例如，小姑娘把采的蘑菇带到集市上，顾客用金钱交换得到的蘑菇就成了食品，小姑娘就需要对卖出的蘑菇负责，社会也需要进行监管。我们对流通于市场的食物即食品的要求，被写入了法律，国家相关部门也会依法进行监管。

说到此，食物与食品二者的概念或许已经清晰一点了。那么，食物或食品仅仅是为人提供营养成分以维持生命的吗？其实不然，食物与食品还具有更多的功能。

第一个功能，即首要功能，是营养价值。不管是自己种植的瓜果蔬菜等，还是从超市购买的各种食品，其首先始终应满足我们人体对各类营养物质的需求，以保证我们的身体健康。

感官品质是第二个功能。我们自己用原料加工成食物，或者工厂加工食品，都想要色、香、味俱全。这样的食物或食品，才能勾起人吃的欲望，心理和生理共同作用下，人才能更好地消化、吸收食物或食品中的营养成分。

保健是第三个功能。食物或食品都是由多种成分组成的，各类食物或食品中含有的钙、铁、锌、各类维生素等都保护着人类机体的健康，一个都不能少，也不能太多，否则都可能威胁人的身体健康。

第四个功能是文化传承。不同的民族乃至国度，区别就在于语言、服装以及饮食。不管是妈妈做的馒头，还是工厂生产的馒头，都代表着某种特定的饮食文化，中国传统发酵食品的工艺、工业都要继续前行，这是为了实现中华民族饮食文化的传承。

"食物"较之"食品"涵盖的内容更为丰富，因此本书中多用"食物"来表述。食物，不仅是满足口腹的需要这么简单，经过几千年文明的进化，它早已变成一种学问，一种文化，甚至是一种时尚，有了更深刻的社会意义。记得《舌尖上的中国》里有这样一句旁白："中国人对食物的感情多半是思乡，是怀旧，是留恋童年的味道。"食物是一种独有的媒介，人的记忆一般会随着时间逐渐变得浅淡直至消失，但是对于某一种食物的味道，人却可以铭记一辈子。这是食物神奇的地方。

食物，是一种象征。它象征童年，代表亲情、友情，甚至是用来传递感情的"红娘"。小时候，校门口单车上卖的棉花糖，早餐桌上奶奶刚烙好的香喷喷的葱花饼，放学回家后妈妈精心烹制的红烧带鱼，都可能成为记忆中的永恒。

食物，是一种回忆。我们常用食物和味蕾来凭吊一段岁月或者回忆一个亲人。比如，一个人说："奶奶烙的葱花饼，配上她炒的土豆片，味道天下无敌。"其实，他（她）怀念的哪里是葱花饼和土豆片呢？

食物，是一种生活态度。富人有富人的美食，贫民有贫民的吃法，只要吃得心满意足，都一样美味。所有的一切都相辅相成，才让每一种食物拥有了特定的意义。

每一个时代的人都有自己记忆中的专属零食。这些零食无一例外地能够勾起一代人的童年回忆。童年的小零食（见图2-1至

图2-1　"大大"泡泡糖

图 2-2　小酥糖

图 2-3　棉花糖

图 2-4　麦芽糖

图 2-6，图片来源于"爽哥英语"公众号）是萦绕在那个时代的我们小小脑袋里的五彩的梦。

这个五彩的梦是放学回家路上那根微甜的老冰棍，是课间飞奔到小卖部买上的一包酸梅粉，是老奶奶从抽屉里拿出的藏了许久的零食。

棉花糖可能是最不可思议的小吃了。只见小贩姿势很是潇洒地加一勺勺的白糖进去，那些糖在铁皮做的锅里高速旋转几圈后就变成了一团团的棉花糖。其中到底暗藏着什么玄机，怕是孩子们之间争论不休的话题。

麦芽糖可以拎自己坏掉的凉鞋去换，特有成就感。麦芽糖吃着很黏牙，大人还吓唬正在换牙的孩子们说："小心把牙吃掉咯！"现在街上还能听到卖麦芽糖的老人敲出"叮叮"的声音，吸引人们去买，只是现在人们更注重健康，要求小孩少吃糖，而且超市里的零食琳琅满目，麦芽糖在现在小孩的眼中已是普通得不能再普通了。

炒米是很多人儿时最爱的零食之一，有着又香又甜的味道，它总是能抓住孩子们的味蕾。还记得路口的炒米贩么？他每天坐在街头，手上拿着锅摇来摇去，炒米炒熟出锅的时候发出"嘣"的声响，这时孩子们就会把口袋里装满炒米，边走边吃，很是快乐。

古人对食物的要求也可谓精益求精，也正因如此，中国的饮食文化才能走向全世界。色、香、味俱佳的食物，在征服味蕾的同时，也能带给食客美的享受和精神上的愉悦。

图 2-5　炒米

图 2-6　米棍

2.2　食物的文化现象

人和食物的关系紧密又复杂，其间有许多值得我们探寻的奥秘。人与食物之间究竟有些什么样的关系？食物的种类又是怎样造就不同人的性格、思考模式与行为模式的？更重要的是，食物如何造就多样的文化现象？我们将视线拉到更远，去分析在生产食物、储存食物并且分享食物的过程中所形成的文化和文明现象。

李子柒是谁？一个四川绵阳的姑娘，一个特殊的美食主播。一年四季，春耕秋收，应季而食。春天吃花，夏天酿酒，秋天摘果，冬天腌肉。看到了她，我们仿佛才知道，原来生活还可以这样，少了城市的繁华，多了田园的诗意。于是，我们反思，生活的样子是什么？

中华饮食起源于农耕文明，大量食物来自土地。随着民族文化的交融，汉族逐渐接受了游牧民族的"肉食"饮食方式，扩大了食物范围，丰富了饮食结构。汉唐以后，中亚及东南亚等地的食物品种被大量引进中国，增补了中华饮食品种。几个世纪以来，西方饮食理念与方式得到认同，具有现代特征的中华饮食形态逐渐形成。翻开中国食谱，到底哪种是地道的中国食物，哪种是外来食物，人们恐怕已经难以分辨。大量外来食物品种能够进入我国并转化为我国饮食的有机组成部分，不仅在于我国地理条件与自然气候为其提供了生长发展的基本环境，更重要的还在于中国人将其放在"和"文化的平台上加以吸纳。

在对外来食物或饮食方式进行同化的过程中，中华饮食突显出"本土化"的内在机制与运作模式，而本土性是我们始终坚持的首要原则。我国南方多水田，北方多旱地。米和面成为中国人的主食，水田、旱地中生长的瓜果蔬菜成为与主食相伴的食物，家畜、水产品等大多成为改善人们生活的佳肴。尽管这种饮食结构及生活方式在物质极大丰富后发生了巨大变化，但中华饮食最根本的本土性特质却仍以不同形式存在，且构成中华饮食文化体系最为坚实的基础。在世界上任何一个提供"中式餐饮"的餐馆中，中国本土性饮食要素不可或缺。只有中国本土性的饮食原料与中国厨艺有机结合，人们才能真正品尝到中华美食的滋味。

人类文明可划分为：第一阶段，原始文明；第二阶段，农业文明；第三阶段，工业文明。

饮食文化的产生可划分为：第一阶段——获取能量，这是觅食的原始动机；第二阶段——食物分配，这涉及权力的象征；第三阶段——祭祀与管理；食物文明出现在第四个阶段，即食物差异——多元的文化现象。

在大多数人心里，自己不论走多远，还是心怀故乡的，故乡不仅是生长的地方，也是血脉的源头。

"地方感"是一个依据，人类学家称地方菜为"小传统"，这个"小"字体现历史性与传统性，说明"小"背后的"大"文化。比如，东北人的饮食与地域特征不可分开，人们在这片土地上狩猎、放牧、捕鱼、采集和耕种，逐渐形成本地饮食特点。尤其是山野中生长的野菜，东北人认为，它们不仅是美味，同时也是养生和治病的食疗素材。随着各种文化的大交融，新的东北地区饮食文化形成。食物的多样性，折射出食物文化的复杂性，而食物文化又与地域生态有着密切的联系。

珍妮·古道尔指出："很多人不知道他们的食物从何而来，有的人根本就不知道他们在吃什么。实际上，在过去的一百多年中，特别是第二次世界大战后的半个世纪里，工业化、技术化的世界一步步破坏着我们对食物的理解：来自何处以及如何来到我们的餐桌。"随着后工业化的进程，传统农业生产方式逐渐消失，田野上看不到戴草帽劳作的人，耕地的农机打破了乡村的宁静，铁锹、锄头摆在博物馆中，成为历史的展品；野菜成为大棚中的植物，吮吸化肥的滋养，改变生长的规律，而其野性的气脉被清除得一干二净。

诗意的田园消失，食物与人变成交易，不再和心依恋。珍妮·古道尔的担忧，正在一步步实现。在生活碎片化、情感碎片化的今天，人们钟情于快餐，一个"快"字改变过去的规律，消解了很多的东西。我们不再关心和土地的联系，工业化的流水线使我们的文化失去了延伸的动力。作为无力的对抗，我们在长辈的鼓励下，学会擀饺子皮，在清贫的生活中，少时学会做米饭，在后园学会种蔬菜。

在全球消费一体化、当今食物工业化的今天，人类的生活发生了巨大的变化，食物的文化贴上了商品的标签。如今，我们只需要走进超市，推着购物车挑选速食食物即可，如速冻水饺、速冻包子、速冻饼、速冻馒头等。对于速食食物，人们不必付出情感，也没有享受到人和食物交流的快乐。一个快餐盒装的饭菜，在流水线上生产出来，没有深厚的文化积淀，缺少人情味。人们吃快餐只是一种行为，填饱肚子不饿，不会考虑食物从哪里来，以及食物的文化背景。食物变成商品消费，"历史经验的口味"也在适应市场的需求，消解了原真的味道。

人类学家彭兆荣指出："'食'是一个集合名词，可为形体，亦可达义；可为名词，可作动词；可为虚指，亦可实在；可作泛称，也作具体；可为食物，也指耕种。无论如何，都与时间有关。"时间和食物结合，让人类学家解释出"食"文化的原因。

孙中山先生在《建国方略》中写道："我中国近代文明进化，事事皆落人之后，惟饮食一道之进步，至今尚为文明各国所不及，中国所发明之食物，固大盛于欧美，而中国烹调法之精良，又非欧美所可并驾。至于中国人民饮食之习尚，则比之今日欧美最高明之医学卫生家所发明最新之学理，亦不过如是而矣。"这段话今天读起来，有些沉重，可想当时孙中山先生写每一个字时的心情。

自古美食美酒以后，必得赋诗留念，这是传统文人的雅兴。正如李渔所说，"食也人传者"，这是传神的总结，同时说明人与食物的关系。在饮食文化史上，有许多文人的影子，如苏轼、李白、杜甫、袁枚、李渔……从古至今，可以排出长长的队伍。

每一道菜都有情感，有自己的个性，展现不同的地域文化。家常便饭不是一句话说得清的，从食物中品出滋味，更重要的是品出文化。回味一道菜，如同阅读记忆、经历，形成特殊的空间，发生与文化的化学反应。我们不是纯粹为了吃，而是在吃中，追溯食物的精神价值所在。

2.3　食物文化的地域差异

全球的饮食可分为东方型饮食和西方型饮食两大体系，其中，东方型饮食以我国饮食为代表，它的发展历史、饮食结构、饮食方式，以及与之有关的民族风情等，同以欧美饮食为代表的西方型饮食有很大差异。这是由我国地理环境、社会经济和文化的发展状况决定的。我国饮食文化的历史起步较早，发展很快。早在十万年前，我们的祖先已懂得烤制食物。陶罐等较为先进的储器或饮器问世后，人们能较为方便地煮、调拌和收藏食物，我国饮食便进入了烹调阶段。

在距今七八千年的裴李岗文化时期，饮食文化起步并开始发展，夏商时代已经有王者"十二鼎食"之说，汉代时已经发展形成并充分掌握了炖、炒、煎、煮、酱、腌、炙等烹调方法，并外传到中亚、西亚和东南亚。每个朝代的宫廷御膳，都代表了当时的饮食最高水平。由此可见，我国的饮食文化源远流长，内容又相当丰富。我国的饮食结构复杂多样，以五谷为主食者最多，即吃面食或米食，并配以各种汤、粥作为饮料，这是因为我国广大地区自然条件优越，尤其是东部平原地区适宜种植小麦、水稻等农作物，广大劳动人民在长期生产和生活中逐渐形成了自己的饮食习惯，大多地区习惯早、中、晚一日三餐。

我国的饮食调制方式各式各样，有烹、炒、煮、炸、煎、涮、炖等，加之丰富的佐料，如大葱、香菜、蒜、醋等，使我国的饮食花样繁多，这是西方型饮食所不能比的。同时，我国地域辽阔，民族众多，各地又有各自的风味饮食及其独特吃法，更丰富了以我国为代表的东方型饮食的内容。

在我国东部平原地区，大概以秦岭—淮河为界，以南是水田，种植水稻；以北是旱地，种植冬小麦或春小麦。南方人以大米为主食，而北方人则以小麦面粉制成主食。在气候方面，北方的气温比南方低，尤其是冬季十分寒冷，因此北方人的饮食中脂肪、蛋白质等食物所占比重大，尤其在牧区，牧民的饮食以奶制品、肉类等为主。南方人饮食以植物类为主，南方居民有喝菜汤、吃稀饭的习惯。在高寒的青藏高原上，青稞是藏族人主要种植的作物，也是藏族人的主食，同时，为了适应和抵御高寒的高原气候，具有增热活血功效的酥油和青稞酒分别成为藏族人生活中不可缺少的食用油和饮料。

我国在饮食习惯上有"南甜、北咸、东辣、西酸"之说，这充分体现了我国饮食的地域差异。

我国有八大菜系或十大菜系之分，各菜系的原料不同、工艺不同、风味不同。川菜以"辣"著称，调味多样，取材广泛，麻辣、三椒、怪味、荑香等自成体系，"江西不怕辣、湖南辣不怕、四川怕不辣"即突出反映了川菜"辣"的特点。川菜以辣为特色，与当地人需抵御潮湿多雨的气候密切相关。粤菜烩古今中外烹饪技术于一炉，以海味为主，兼取猪、羊、鸡等，以杂奇著称，且丰盛实惠，擅长调制禽畜味。工于火候的鲁菜，因黄河、黄海为它提供了丰富的原料，成为北方菜系的代表，以爆炒、烧炸、酱扒诸技艺见长，并保留了山东人爱吃大葱的特点。此外，淮扬菜、北京菜、湘菜等各居一方，各具特色，充分显示了我国饮食体系因各地特产、气候、风土人情不同而形成的复杂性和地域性。

　　各地的风俗不同，影响着人们的饮食习惯。比如春节，各地饮食习惯就差别很大。南方渔产丰富，常大鱼大肉数天，除夕晚餐少不了鱼，含"年年有余"之意；华北地区除夕晚上吃饺子，含"交子"（新年伊始）之意，且有"初一吃饺子，初二吃面"的习俗；而西北地区的汉族则除夕全家共吃煮熟的猪头，称"咬鬼"，传说可以防恶鬼勾魂，等等。诸如此类的节日供品、节日喜庆等活动，又为我国饮食文化增添了新的内容。

　　我国有 56 个民族，汉族主要居住在东部平原地区，众多的少数民族则主要分布在西北、东北、西南地区，地形和气候差异大，更重要的是各民族在生产活动、民族信仰上都有各自的特点，在饮食上也形成了自己民族的特色，各民族之间的差异很大。

　　在我国汉族聚居的东部平原，耕作条件较好，盛产稻米、小麦，同那些以耕作业为主的少数民族（如朝鲜族、锡伯族、傣族、壮族、独龙族等）一样，这些地区的人们以五谷为主食。朝鲜族人喜食米饭、冷面。羌族人喜欢将大米掺入玉米混蒸，称"金裹银"。壮族的"包生饭"、苗族的"乌米饭"均颇具特色。蒙古族人、鄂伦春族人、怒族人和藏族人，由于居住在寒冷地区，又多水产和畜肉，为抵御严寒，故以高热量的肉类为主食。松花江、黑龙江沿岸的赫哲族人以渔猎为生，鱼肉、兽肉为其主食。蒙古族人以放牧为主，饮食分白食和红食，白食为各类奶制品，红食主要是牛羊肉。维吾尔族人则爱吃用大米、羊肉、胡萝卜等做的抓饭，以及拉面、烤羊肉、馕等。哈萨克族的风味小吃是用奶油混幼畜肉装进马肠内蒸熟的"金特"和碎肉拌香料蒸成的"那仁"。

　　受自然条件的约束，各民族在其发展过程中形成了各自的图腾信仰和对动植物精灵的崇拜，这同时也影响到饮食，比如鄂温克族人的祖先禁止猎熊，这样尽管他们以肉类为主食，却不会吃熊肉。

　　城市风味饮食是饮食地域化的一个体现。像著名的北京烤鸭、天津"狗不理"包子、兰州拉面等，都具有鲜明的地方特色。在旅游业快速发展的今天，城市风味饮食在原有传统的基础上进行加工，成为旅游文化的一个重要组成部分。许多游客，特别是外国游客，来到中国的每一个旅游城市或旅游景点，都要找一找当地的风味小吃。北京曾是旧时封建王朝的国都，是当时最为繁华的城市之一，同时也汇集了各地饮食方面的能手，并逐渐形成了自己的饮食风味。在继承历史的基础上加以原有传统工艺，这使得北京风味饮食成为北京旅游业不可多得的资源。像北京烤鸭、仿膳宫廷菜、涮羊肉、谭家菜、炒肝、烧卖、萨其马、打卤面等都吸引着中外游客。天津除了闻名的"狗不理"包子外，还有十八街的麻花、锅巴等。太原的八珍饼干、八珍汤刀削面等也成了这座城市的美食代表。乌鲁木齐是维吾尔族人集中的地方，因此它的饮食也颇具浓郁的维吾尔族情调，如烤羊肉串、哈密瓜、烤全羊、抓饭等；而兰州是汉族和西北地区少数民族人们汇集的地方，民族成分的复杂性使该地区的饮食也多种多样，代表美食有白兰瓜、清汤牛肉面、千层牛肉饼、臊子面等。除此之外，像南京的板鸭、虎皮三鲜，苏州的春卷、酱鸡、松鼠鳜鱼，长沙的臭豆腐，桂林的过桥米线等都颇有名气。这些城市风味饮食与人文建筑、城市风情以及城市工艺品共同构成了一个城市旅游资源中的人文特色。

我国饮食由于受自然、社会、民族等各种因素的共同作用，显示出鲜明的地域差异性，这不仅体现了饮食文化的丰富内涵，而且充分说明了各族人民的智慧，正是辛勤的劳动人民创造了这丰富而神奇的饮食文化。

2.4　食物中的非物质文化遗产

世界非物质文化遗产代表作有哪些？你的脑海里可能会浮现那神秘、壮观的莫高窟，慢慢积累下来的汉字……你会不会想到饮食文化呢？其实，饮食文化也是非物质文化遗产（简称非遗）表现的一种。入选非遗名录的饮食都是饮食中的佼佼者，都是在用食物演绎不同的文化魅力。

法国大餐（见图 2-7）被认为是"世界上最优雅的美食"，有专家指出，其透出的浓郁文化特色和独特的就餐礼仪是其申遗成功的重要原因。自 2011 年起，法国美食节成为一年一度的国家节庆活动。官方数据显示，该美食节受到各年龄段民众的欢迎，参与人数及活动场数越来越多。相比 2012 年，2019 年与法国大餐相关的活动增加了一倍，达到 7659 场，共吸引约 23 万名法国美食行业专业人士参与。除了在法国约 2000 个城市参与举办了相关活动外，更有 86 个活动在阿根廷、比利时、加拿大、美国、芬兰、日本、哈萨克斯坦、黎巴嫩和立陶宛 9 个国家举行。目前，法国很多地方推出了美食烹饪基础课或甜点烘烤课，旨在让法国年轻人放慢脚步，体味法国大餐背后的文化意味。

图 2-7 法国大餐

联合国教科文组织如此描述了墨西哥传统饮食（见图 2-8）：
"传统墨西哥饮食是一种文化模式，包含农业、仪式、古老技艺、
烹饪技术以及自古传承下来的习俗和礼仪，囊括从种植、丰收到
制作、享用的过程，整个链条彰显了传统饮食的全民共享性。"2010
年，墨西哥传统饮食与法国大餐一同入选非遗名录。

图 2-8 墨西哥传统饮食

墨西哥以玉米、豆类和辣椒为主要食材的饮食世界闻名。其
古老的烹饪方法和与饮食相关的传统习俗同样独具特色。蒙特雷
的烤山羊肉、瓦哈卡的特拉尤达、米却肯的碎肉、普埃布拉的莫
雷酱、风靡全国的鹰嘴豆汤和特拉尔佩尼奥汤、随处可见的酱汁

图 2-9　土耳其小麦粥

图 2-10　地中海饮食

和玉米饼……丰富多彩的菜品背后，其独具特色的烹饪文化更加引人关注。据介绍，在墨西哥，大都是女性掌勺，她们围在一个大烤盘周围，一边交谈，一边准备食物。这是墨西哥传统饮食烹饪的最大特点，在墨西哥不少地区得到了很好的传承。

土耳其小麦粥（见图 2-9）是土耳其婚礼、宗教节日等重要场合不可或缺的一种传统食物。小麦必须提前一天在祈祷中清洗完毕，然后放到大石臼中，随着当地传统音乐的伴奏进行研磨。烹饪土耳其小麦粥通常在户外进行。婚礼或节日当天，由男女共同合作将铁壳麦、肉骨块、洋葱、香料、水和油添加到锅中煮一天一夜。到第二天中午时分，村寨里最强壮的年轻人用木槌敲打小麦粥，在人群的欢呼声和特殊音乐声中，小麦粥被分给人们共同享用。这种饮食与表演相结合的方式，通过教授学徒而代代相传，已经成为当地人日常生活不可缺少的一部分。联合国教科文组织认为，土耳其小麦粥通过代代相传加强了人们对社区的归属感，强调分享的理念，有助于推动文化多样性。

2013 年 12 月 6 日，西班牙、摩洛哥、意大利、希腊、塞浦路斯和克罗地亚联合申报的地中海饮食（见图 2-10）毫无悬念地入选非遗名录。联合国教科文组织在审核分析时认为，地中海饮食包罗万象，不仅涵盖了烹饪知识、餐桌礼仪、渔业文化和畜牧文化，还包含了食品的制作、加工及储藏技艺，以及分享美食的传统，但最打动评委的，则是地中海饮食对于健康饮食文化的提倡。地中海饮食由于其独特的饮食结构，可以降低罹患心脏病、中风、认知障碍等疾病的概率。生活在欧洲地中海沿岸的居民心脏病发病率低，普遍寿命长，且很少患糖尿病、高胆固醇等现代病。联合国教科文组织认为，地中海饮食讲究均衡、健康的饮食文化，它的入选能使一系列现代社会大力倡导的健康理念得到更好的发扬。

"韩国人腌制越冬泡菜的文化代代相传，发扬了邻里共享的精神，增强了人之人之间的纽带感、认同感和归属感。腌制越冬泡菜文化被列入名录后，韩国国内外具有类似饮食习惯的群体之间的对话将更为活跃。"联合国教科文组织在宣布韩国越冬泡菜（见图 2-11）申遗评选结果时给出了这样的评论。泡菜看起来不起眼，但在入选世界非遗名录的"食文化"中，却是将共享性和全民性体现得最为彻底的。泡菜是韩国家庭餐桌上必备的菜肴，韩国民众对泡菜的喜爱几乎到了迷恋的地步。在"泡菜王国"韩国，有超过 300 种泡菜，其中最常见的是辣白菜泡菜、白菜块泡菜与萝卜块泡菜。韩国泡菜的制作方法各不相同，每家每户都会添加不同的调料与辅助食材。因此，对韩国人来讲，泡菜有"妈妈的味道"。

图 2-11　韩国越冬泡菜

　　日本和食（见图 2-12）是传统日式料理的总称，这类料理主要以米、海鲜和腌制蔬菜为主，风味独特，准备起来比较费时。日本家庭在新年夜准备的和食菜品最为丰富，也最具代表性。如今，越来越多的日本人开始偏好西式快餐及方便包装的食品，这些食品主要依赖进口。饮食习惯的改变在一定程度上增加了该国对进口食品的依赖。据统计，在日本，每年生产的食品总量只够供给 40% 的本国民众，而这一比例在英国和在法国则分别达到了70% 和 120%。随着和食在日本逐渐失去吸引力，与和食相关的家庭传统和文化习俗也面临消亡的危险。近年来，在新年和其他节日，一些日本家庭也难得一起做饭。日本名厨村田吉郎表示，入选世界非遗名录可以促使偏爱在外就餐的日本民众转而关注传统烹饪技巧和饮食传统，并能够在和食专业领域推动相关培训项目的开展。

图 2-12　日本和食

图 2-13　武汉热干面

图 2-14　羊肉泡馍

非物质文化遗产记载和传承一个国家和民族的历史文化，是人类文化"活的记忆"，是世界文化遗产的重要组成部分，其重要性显而易见。中国饮食文化博大精深，与法国大餐、土耳其美食并称世界三大烹饪风味体系，近年来，中国饮食正在积极努力申报世界非物质文化遗产。在世界非物质文化遗产保护大潮的影响下，我国非物质文化遗产保护工作也开展得如火如荼，饮食类非遗的申报和保护也越来越受到社会各界的关注和重视。以下是我国日常生活中的非遗美食。

说到湖北武汉出名的小吃，大家的第一印象一定是热干面，如图 2-13 所示。到武汉来玩的游客，通常都会吃一碗热干面。热干面的前身是切面。20 世纪初，食贩李包延续前人切面的做法，将面煮熟、沥水、拌上香油等做成了风味独特的热干面。后来，蔡明纬继承了李包的技艺，并反复改良形成了一套特定的技艺流程，打造了"蔡林记"品牌。"蔡林记"热干面以其"爽而劲道、黄而油润、香而鲜美"著称，当选为湖北省非物质文化遗产。

羊肉泡馍（见图 2-14）是陕西名吃，料重味醇，香气四溢。苏轼曾留有"秦烹惟羊羹，陇馔有熊腊"的诗句，其中，"羊羹"即为羊肉泡馍，因为它暖胃耐饥，素为陕西人们所喜爱。牛羊肉泡馍最早为西周礼馔，历史悠久。据史料记载，牛羊肉泡馍是在古代牛羊肉羹的基础上演变而成的。古代许多文献，如《礼记》，以及先秦诸子，都曾提及牛羊肉羹。相传，宋太祖赵匡胤未得志时，生活贫困，流落长安街头，一天，他身上只剩下两块干馍，因干硬无法下咽，恰好路边有一羊肉铺正在煮羊肉，他便去恳求店主给他一碗羊肉汤，以便他把馍泡软再吃。店主见他可怜，让他把馍掰碎放进碗里，浇了一勺滚烫的羊肉汤泡了泡。这碗羊肉汤泡馍，吃得赵匡胤全身发热，头上冒汗，饥寒全消。十年后，赵匡胤成了北宋的开国皇帝，一次出巡长安，路经当年那家羊肉铺，羊肉铺前香气四溢，使他不禁想起十年前吃羊肉汤泡馍的情景，便下令停车，命店主做一碗羊肉汤泡馍。店主一下慌了手脚，店内不卖馍，店主忙叫妻子马上烙几个饼。待饼烙好，店主一看是死（未发酵）面，又不太熟，害怕皇帝吃了生病，便只好把馍掰得碎碎的，浇上羊肉汤又煮了煮，放上几大片羊肉，精心配好调料，然后端给赵匡胤。赵匡胤吃后大加赞赏，随即命随从赐银百两。这便是羊肉泡馍的来历。

南京有个鲜有人知的称号，叫作"鸭都"。坊间流传的说法是，"没有一只鸭子能活着离开南京"。"今天吃什么'鸭'？"完全就是南京人的生活写照。盐水鸭（见图 2-15）是著名的南京特产，是金陵菜的代表之一，又叫桂花鸭，是中国地理标志产品，至今已有 2500 多年历史，鸭白肉嫩，肥而不腻，香鲜味美，具有香、酥、嫩的特点。早在六朝时期，南京就有了鸭馔的制作，而且盐水鸭当时已是南京颇具盛名的食品。金陵盐水鸭被誉为"六朝风味，白门佳品"。最早记有南京鸭肴的有六朝时期的《陈书》《南史》《齐春秋》。

图 2-15　盐水鸭

我国美食历史悠久，制作技艺精湛，口味独特，中华美食遍布全国、享誉世界，为什么至今没能列入世界非遗名录呢？这值得我们认真思考。

其实，关于我国的食物申遗，有一个误区。食物想要申遗成功，口味和技术的因素，充其量只能占据评审标准的三分之一。在评审一种食物是否能够入选非遗名录的过程中，相比食物的味道，评委们更加看重的是食物背后所凝结的文化。法国大餐当选，是因为法式饮食的礼仪、规制影响了整个欧美世界的饮食习惯；土耳其小麦粥虽然简单，却是当地文化凝结的一个象征，是当地千百年来不变的传统；地中海饮食、韩国泡菜、日本和食等，都代表了一个国家或民族的文化乃至性格。很可惜，我国之前将中华美食提交申遗的时候，并没有突出这一点。我国申报了蒸、炒、炸、卤、炖等众多技术项目，选出众多口味突出的菜肴提交了申请，比如扬州炒饭、广州烧鸭，然而，这些食物美则美矣，却都只能代表我国某一个地域的饮食习惯，无法让人从中看到中华文化的凝结。或许，这就是申遗失败的原因。

不过，失败是成功的基石，正是有了失败的积累，我们才有了迈向成功的阶梯。目前，我国已经筹备以饺子（见图2-16）为核心的美食项目，准备再一次申请世界非遗，想必这一次，我们不会空手而归。

图 2-16　饺子

我国将饮食类非遗项目列入非遗保护名录，主要目的是使社会各界重视饮食文化遗产，使越来越多的单位和个人广泛地参与到饮食类非遗保护工作中来。对于每一个中国人而言，我们应提升对食物的理解：食物不仅能让我们填饱肚子，也在充实着我们的精神世界。

第二部分

走进食物设计

第 3 章　食物设计的兴起

3.1　设计令食物"改头换面"

食物设计——"food design"，又被译作食物美学，但它所涵盖的层面并非表面化的食物美学，也不同于基础的食品烹饪。食物是文明，是自然，是社交，是生活，也是一种文化现象。它是现实和想象世界中的一个特别的载体，是人和人建立情感的一种方式。食物设计领域的边界正在不断被拓展，在这个"互联网+"时代，你能为食物设计做什么？无论现在还是未来，食物都将是人类的核心话题。设计是探寻未来可能的学科，食物设计也将从科技等多种维度探寻人类未知进食行为的可能。

食物设计领域的研究学者这样解释："食物设计领域涉及食物方面的设计，目的是让'吃'这件事变得更容易，更符合特定的场合和条件；涉及社会学、人类学、经济、文化和感官分析等行为，并且涉及环境、界面以及利用功能性的工具进行补充饮食的行为。除了如何做菜以外（包括食材的选择、味道的调试）的其余有关美化食物的工作，都可以称之为食物设计，小到饼干标志设计，大到餐厅的装潢设计，我们对关于食物的生理、心理反应进行设计，都可称为食物设计。"

我们来用作品深切地感受食物设计。

毕业于英国皇家艺术学院的设计师设计了一套外形像水母的"活"餐具，如图 3-1 所示。这套餐具可以像水母游弋于水中一样灵活摆动，以加深人们与食物愉悦互动的体验。

另一位食物设计师设计了一系列石材甜点（见图 3-2），甜点外表模仿建筑物表面光滑的石材，与其内在柔软甜蜜的夹心形

图 3-1　形似水母的"活"餐具

成感官冲突，颠覆了传统甜点的设计和饮食体验。

　　毕业于荷兰埃因霍芬理工大学的食物设计师通过 3D 打印和分子生物技术，把芽菜种子和菌菇孢子一起打印到蜂窝状面包外壳里，这种情况下，芽菜和菌菇在整个生长过程中都是可食用的，所以不会有任何浪费和残留，这种 3D 技术融合面包（见图 3-3）是永续食物。这是对未来食物的一次思考。

　　在超市货架上摆放有各式各样造型的意大利面，人们在选择它们时想到的不仅是口感，外形是否讨喜也在一定程度上影响人们的最终决定。但未来有这样一种可能，人们购买的将是一个扁平的意大利面块，当把这些外形呆板的面块丢入沸水中煮过之后，面块会发生外观上的改变，变成一种全新的形状。这就是麻省理工学院（MIT）有形媒体小组（Tangible Media Group）研发的新式意大利面，该意大利面可在烹煮过程中实现从线性到立体的转化，不仅节省了包装空间和成本，也极大地改变了传统意大利面的烹饪方式，被描述为"可食用

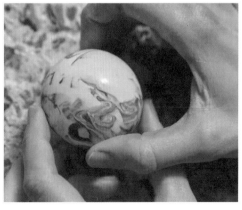

图 3-2　石材甜点

的折纸"。虽然这种意大利面外观是扁平的，但它们下锅后却可以转变成各种经典造型，比如螺旋形。当然，研究人员还可以将面食变成一些更有趣的形状，比如说花的形状。图 3-4 所示为3D 意大利面变化过程。

图 3-3　3D 技术融合面包

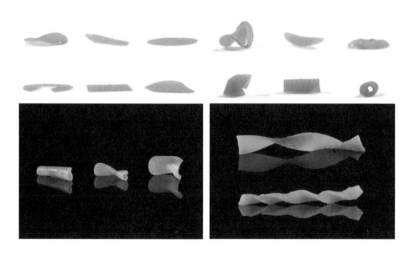

图 3-4　3D 意大利面变化过程

　　研究人员通过在意大利面表层加入两层密度不同的明胶膜，使得意大利面在吸水后发生不同程度的膨胀，从而发生弯曲。至于造型变化的差异则与明胶膜上采用 3D 打印技术加入的食用纤维涂层有关。该食用纤维不易吸水，可形成防水层，于是，研究人员通过控制该纤维涂层面积便可实现对明胶膜与水的反应的控制，最终达到使意大利面产生不同形变的目的。

虽然这一设计看上去很有趣，但研究的出发点却不是趣味性，而是实用性，为的是压缩意大利面所占的空间并减少其包装耗材。通常意大利面在超市货架上所占空间较大，需要消耗较多的塑料和纸板包装材料。有研究人员计算得出，不管多么完美的包装，一个普通的意大利面包装里至少会装入近 67% 的气体。如果将其预制成平板面块造型，则有利于节省空间和包装耗材。

你吃饭的时候还在用刀、叉、筷子、汤匙这些老套的餐具吗？萨塞克斯大学的 SCHI 实验室 2017 年开发出一套超声波悬浮装置，可以充当非接触式的食物传送系统。这套装置使用超声波将飘浮在空中的小块食物直接放在进食者的舌头上，工作原理如图 3-5 所示。这个看起来有如魔术般的系统其实是采取了相关技术手段——空中触觉反馈和对象牵引技术实现的。只要将两个价格便宜的超声波换能器相向放置，它们发出的超声波组成的相位阵列在彼此间产生驻波，当微小的液滴或固体颗粒恰好处于驻波的节点上时，液滴和颗粒便悬浮了起来。只要改变在相位阵列中驻波的相位，就可以改变驻波节点的位置，随着驻波节点的位置发生变化，节点上的颗粒也会发生位移变化，就像海面上的漂浮物随着波浪移动一样。

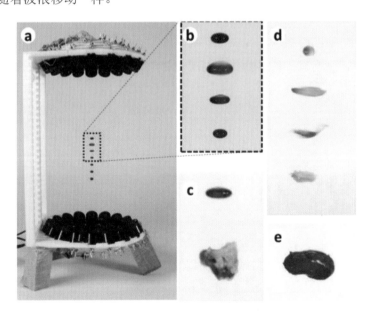

图 3-5　超声波悬浮装置工作原理

开发这套系统最棘手之处在于，超声波会对食材产生未知的影响。它可能会将能量传给食物，导致部分含酒精类物质的食物因蒸发损失掉部分材料，而传送高密度的食品如奶酪等时，则需要更高的能耗。因此，这套系统需要灵活设定，来应对及控制不同重量的食物的运动轨迹，令其能成功地落入进食者的口中。

所以，研究重点是，当一小块食物没有借助其他力量而仅被超声波悬浮装置送入进食者口中时，它的味道会发生什么变化。研究人员选择了五种基本口味中的三种，即甜味（积极的味道）、苦味（消极的味道）、鲜味（能提升其他味道的味道）。研究人员找来一组志愿者，每次分别传送三种不同质量的食物颗粒给他们品尝，又利用滴液管传送食物颗粒（见图3-6）再次给他们品尝，以此作为对照。

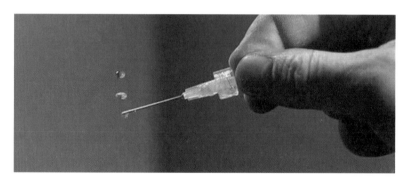

图 3-6　利用滴液管传送食物颗粒

这套系统不仅有助于改变未来饭店的经营模式，还能激发并提供设计新颖的"端对端"味道的灵感。例如，可以为3D电影提供真实的味觉刺激，当观众观看的电影中的角色在享用美食的时候，就会有一份食物传送到观众面前，整个过程都不需要观众自己动手，观众只要通过向前或向后倾斜椅子就可以随时决定是否接受食物。类似地，在桌面游戏环境中，传送系统框架可以嵌入游戏进程，其中不同的味觉刺激代表奖励或惩罚。

什么是食物设计？

食物设计是在对食物进行设计的过程中，把食物当作用来引发思考和产生感知的客体，它可以被置于不同的语境中进行研究，被仪式化、被应用以及被消耗。

食物设计是所有涉及食物生产、分配、享受、营养和消解的跨学科探索和诠释。从食物设计到"吃"设计，很显然，不论是关于食物的哪一类学科分支，会用到哪一种设计思维，最终都会回归到餐桌以及人类本身，那么"吃"的行为和方式就显得尤为重要了。

对于"吃"，设计师的定位不同。Marije Vogelzang 说："'吃'设计就是去设计'吃'这个动词。食物进到我们的肚子里，但它同时也会激发我们的大脑，唤起强烈的记忆和情感。"相比食物本身，她更关心食物的起源、制备、礼仪以及食物背后的历史和文化等。

在一个设计体验项目（见图 3-7）中，一位参与者站在中间，另一位参与者选择写有情绪的标签，拉动绳索，将相对应的液体通过滴管送到站在中间的参与者的嘴里。

图 3-8 所示的食物设计体验中，设计师用鲜艳的糖果建立起巨大的传送带，上面传送的除了食物，还有供参与者搭讪用的小纸条。

通过多年的努力和实践，食物设计师们总结出能够很好地沟通和连接食物与设计的七个领域，即感官、自然、文化、社会、农业技术、心理学和科学。这七个领域向人们展示出创意思维在食物领域的可能性，同时也向更加广泛的受众解释了这一新的学科。

在这样的一个新的环境中，食物的形态和交互方式会被重新定义。如何根据新的科技去设计食物呢？如何考虑人和食物、食物和食物之间的交互？如何让食物本身就具有更多可视化信息？这都是值得我们不断探索和思考的问题。

图 3-7　某设计体验项目

3.2　探寻食物设计

食物设计研究专家说："食物设计是最终在食物与饮食产品、服务和系统上不断创新的过程。"食物设计的范围是什么？学者们把食物设计归纳为九个分支，清楚地标示了食物设计所涉及的领域和范围：①食品设计；②食器设计；③烹饪艺术；④餐厅设计；⑤服务设计；⑥提升食物或社会意识的概念设计；⑦食品的分销及供应链；⑧食物浪费、生态农业；⑨饮食设计。

由此看来，食物设计是一门"跨界"的综合性学科。它没有一套既有的理论体系和设计方法论，而是一个把所有设计思维以及学科理论体系掰碎后揉进有关食物的各个议题的集合体。学者们归纳了以上九个分支，每个分支下面又可以细分出若干学科面向和侧

图 3-8　糖果传送带食物设计体验

重。在实际的操作中，不论是大的分支还是细小的面向和侧重，都可以相互重叠与交合。

食物设计是一个有着复杂且精致结构的概念。它由许多个互相合作甚至交融的分区组成，并且涉及许多行业和社会元素。对于食物设计的类别有很多种划分的方式，每个类别之间有着千丝万缕的联系，因此，食物设计类别的划分只是相对的而不是绝对的。本书根据实际需要将它划分为四个基本组成模块（即四大类）。

第一大类：饮食设计。

之所以把饮食设计划分为第一大类，是因为其中的饮食烹饪设计是一切食物设计的根本与核心，没有它的存在就无法开展其他食物设计研究。但是，饮食烹饪设计区别于传统烹饪设计，是将食物设计与烹饪艺术的研讨融入生活，形成饮食艺术，着眼于发掘新感觉、新品味，着力于使创新科技和传统饮食相结合。

第二大类：为了食物的设计。

围绕着食物展开的一切基础设计，我们把它划分为为了食物的设计，如食物包装与品牌设计、食物品牌的运营模式设计、食物广告设计、食物产品设计及食物空间设计。

第三大类：运用食物的设计。

一切以食物为元素或以食物为载体制作的产品或艺术设计作品都称为运用食物的设计，比如，以食物为形态做的产品设计、食物呈现设计、以食物为材料做的装置艺术设计，等等。

第四大类：可持续的食物系统。

可持续的食物系统涉及农业生态学、食物浪费、食物安全、社区农场、相关政策等，我们对这部分仅仅只是探讨，探讨食物或社会意识的概念设计，其目的是让食物设计更科学与先进。

这四个基本模块看似是食物设计科目下的不同运用，实则盘根错节，不分你我。食物设计是提升人类生活质量、改变生活方式的科学，它内涵丰富，值得我们不断探索。

谈起食物设计每个类别的设计任务，可能依然会有人觉得比较抽象。其实，食物设计的功能就是让食物变得好看、好吃的同时，通过对包装、形状、颜色、制作、运输、空间、服务等的设计来创造新的饮食体验。总体来说，食物设计是围绕食物，把设计发散到农业、交互、服务、产品、体验、空间等各个领域，甚至可以深入历史、人文等研究领域。

食物设计（样例如图3-9所示）既有以生产为切入点的（食

品加工行业），也有以消费为切入点的（餐厅、促销活动），既有针对食物本身的设计，也有针对"吃"这个动作的设计。

从熟悉的类别开始切入。比如，视觉性的食物设计，是较为浅层的，能与食物设计连接在一起的是视觉性的内容，如摆盘、包装、平面设计等，围绕着食物本身进行视觉设计，即第二大类——为了食物的设计。

比如，某品牌关于蜂蜜罐子的食物包装设计，利用蜂巢设计的仿生概念，通过技术执行，构建类似蜂箱的可拆卸木质结构，至于品牌名称和标识，则被设计成类似自然界中的嗡嗡声以及摇摆的蜜蜂状。图 3-10 所示为该品牌食物包装设计。

图 3-9　食物设计样例

图 3-10　某品牌食物包装设计

图 3-11 所示为由日本一个设计工作室设计的一盒某品牌限量版巧克力，其包装外形极容易与油画颜料盒混淆。这个"12 色颜料盒"里装的可不是画画用的颜料，盒中"颜料管"里装的是各种口味的糖浆，有香草味、咖啡味、白兰地味、朗姆酒味等。设计者希望在人们打开盒子的时候，能够唤醒人们对在童年时代打开一盒新颜料或者收到一盒意料之外的巧克力时的喜悦之情的记忆。

食物设计类别中除了视觉设计（即为了食物的设计）以外，其他类别都是探讨如何"从餐盘中走出来"看待整个食品行业。国外已经有不少工作室以食物为媒介提供设计服务和体验服务，可以将其看作创意解决方案团队或者具有强烈个人标识的活动策划，但其使用的表达介质是食物，而服务对象并不拘泥于食品行业。

例如，一位食物设计师通过研究分析，认为从食物的原料中可以找到食物设计的本质。她成功地将那些奇形怪状、

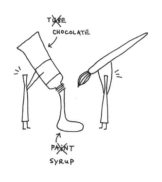

图 3-11　某品牌巧克力设计

图 3-12　苹果片零食

卖不出去的苹果做成了人见人爱、包装精致的苹果片零食，如图 3-12 所示。她说："这也是自然赐予的礼物，为什么我们不去珍惜？"

这位食物设计师的工作不仅仅是通过对食物进行充满诱惑力的外形设计来增加食物的吸引力，随着设计技巧炉火纯青，她对食物设计的思考也由表及里："我们是否关心正在被食用的食物？这些食物从哪里来？为什么每天有那么多食物被扔弃？"这是她对于食物设计的思考，也体现在她的作品中。图 3-13 所示是她的设计中利用的被扔弃的食物。

图 3-13　食物设计中利用的被扔弃的食物

用设计师的话来说，"自然"就是食物的根本所在，在自然中寻找美味的真谛，才是食物设计师的职业灵魂。这也正是我们要在此探讨食物与社会服务关系的原因所在。

第 4 章　食物与设计创新

4.1　全新的饮食体验

　　食物经过设计创新之后可以涵盖众多领域，食物设计师通过设计创新为人们的生活提供一种全新的饮食方式。谈到食物创新，单靠科技怎么够？当然还需要设计的力量。《创新的背后，并不只是科技：为什么食物创新需要设计》（*Hack Stories, Not Technology: Why Food Needs Design*）一文深入探讨了食物创新与科技和设计之间的关系，给我们带来了许多的启发。

　　食物创新，即从人的需求出发，多角度地寻求创新设计方案，并创造更多的可能性。它不仅仅针对烹饪。食物创新让我们关注有机生活的方方面面，包括艺术、科技、自然、教育、文化和生活。图 4-1 所示的可食用的矿泉水泡泡就是食物创新的一种。

　　食物创新牵扯到食物设计的生命周期和变化曲线，我们可以从宏观角度来理解。

　　生命周期的概念应用很广泛，特别是在政治、经济、环境、科技、社会等诸多领域经常出现，其基本含义可以通俗地理解为"从摇篮到坟墓"的整个过程。对于某个食物产品而言，其生命周期就是从自然中来、回到自然中去的全过程。

　　什么是变化曲线呢？以人体的温度为例，测量体温并记录就可以得到体温变化曲线，我们密切注意体温变化就是通过观察变化曲线实现的。食物的变化曲线有很多理解方式，我们在这里探讨的是关于生态环境对食物产生的影响，以及食物制作和创新设计时不同的需求使食物设计产生的变化。

图 4-1　可食用的矿泉水泡泡

事实上，大多数食物设计师现在做的事情是用偏概念性的思路去探讨食物设计的种种可能，对于其余一部分食物设计师而言，他们真正的工作是在某种食物设计的工作室，设计一些新的有趣的饮食体验，比如像削铅笔那样制作巧克力屑，这种巧克力形态设计如图 4-2 所示。

图 4-2　巧克力形态设计

　　当设计介入食物科技，它又改变了什么？我们恐怕要先定义一下"设计"。除了学校里学到的理论基础与工作中的实践锻炼，我们应该建立设计思维。设计思维对食物设计职业人真正的影响是，帮助他们在离开校园后建立工作与实践所需的基础世界观。这样的影响同样会体现在食物形态上，比如，极具艺术特征的"马赛克"寿司设计（见图4-3）、建筑风格的蛋糕设计（见图4-4）等。

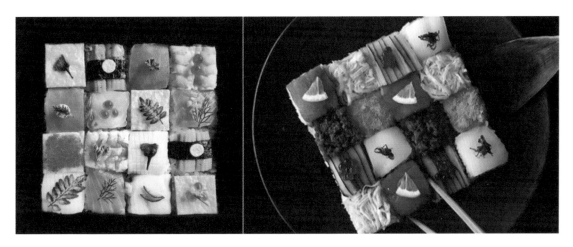

图4-3　"马赛克"寿司设计

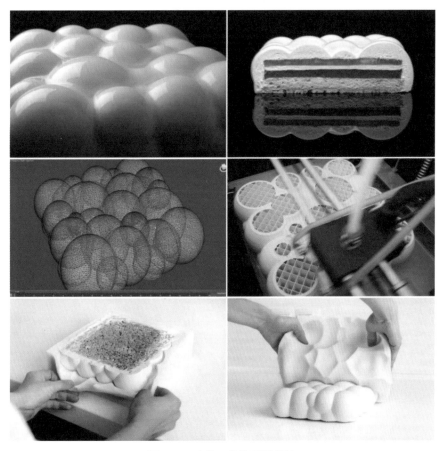

图4-4　建筑风格的蛋糕设计

续图 4-4

图 4-5 星球冰激凌

设计不仅仅是狭义的漂亮图像和排版；设计，是去拆解、处理复杂的问题，并将它转换成易懂的语言的一项能力。复杂问题的产生，脱离不了人在整体环境脉络下所产生的需求与痛点。要解决真正的问题，则要设计体现出将人的需求结合到整体环境脉络后的结果。图 4-5 所示的星球冰激凌正是基于这一理念进行造型设计的。

一位加拿大科学家在几年前探访柬埔寨某村庄时发现当地有许多患有严重贫血症的人，贫血症的治疗需要食用补铁冲剂或是含铁丰富的食物，可是当地的一些穷人根本负担不起。于是，科学家提议将小铁块放进锅里煮，这一提议却无法打动当地的妇女们，因为她们觉得小铁块不像能吃的东西，不会激发食欲。后来，这个科学家通过一个小小的设计，改变了这个状况。他通过对当地文化进行学习与考察，发现柬埔寨人认为"鱼"是幸运的使者，于是，他将小铁块做成了鱼的形状。这让当地妇女们欣然接受了它，来充当锅内的铁补充剂。在接下来的一年里，数百位村民的贫血症被改善或治愈。目前，有超过两千五百户家庭仍在使用"幸运小铁鱼"（见图 4-6），也有越来越多的柬埔寨医院和非营利性机构开始免费发放小铁鱼。

图 4-6 "幸运小铁鱼"

你是否曾停下来思考过围绕食物的社会和环境挑战？这可能是一个思考的好机会。下次你吃东西的时候，可以花几分钟想想。想想你正在吃的那一口食物背后的故事。它是在哪里生产的？是怎么运到你这里的？在它到达你的盘子或碗的过程中有没有造成任何影响？最重要的是，你有没有什么想法可以改变之前这些问题的答案？也许这样，至少有一次，你会想，某个软件版本可以设计得更好，或者某种特定的材料会比你面前的更好。或许这样，我们能够更好地利用我们看到的食物，不再浪费。

　　中国美术学院的学生设计了一种水果专用吸管，如图4-7所示。这一设计提供了一种创新方式，增加了水果销量，也减少了食物浪费。

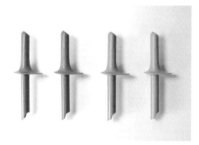
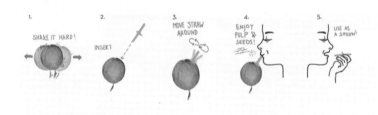

图4-7　水果专用吸管（减少浪费）

4.2 食物与社会创新

非洲有一些卫生条件落后的村庄，儿童常因患痢疾死去。一个一直坚持帮扶他们的设计师找到一种救治患痢疾儿童的特效药，然而当地的医疗销售渠道不畅，没法把药品送到每一个村庄里。此时，他发现每个村庄里都有小店在售卖可口可乐，原来可口可乐的营销渠道可以把物资畅通无阻地送到每一个村庄，他便与可口可乐当地负责人沟通，能否将痢疾药品随可乐运输。可口可乐负责人觉得这种做法有利于树立品牌形象，便爽快地答应了。为了将痢疾药品稳妥地放到可乐包装箱中，设计师重新设计了药品的包装，使药品恰好适合可乐瓶之间的缝隙（见图 4-8），药品就这样顺利地送到了村庄里孩子们的手中。整个过程中，这个设计师联系了 20 多家机构，包括科研机构、包装生产厂家、公益组织网络等。这个关乎生命的故事告诉我们食物与社会的复杂性，也提示了食物设计的根本意义所在。

图 4-8　可乐与痢疾药品

从 20 世纪 70 年代开始，就有不少设计师着力于让食物成为讯息的传递工具。作为最早一批把工业设计延伸到食品领域的人之一，西班牙设计师马蒂在巴塞罗那首次推出了食物设计展。之后，设计师们发起一连串对以食物为素材的设计作品的思考，将食品制造的过程以"再设计"的角度出发，来探索食物与食物、食物与人类、食物与社会之间的联结与可能性，并试图赋予食物更多的社会意义。

金贤全，亚洲目前较为著名的食物设计师之一，她基于人类通感的理念，研究和开发出了"联觉设计"的概念，通过影响人类与生俱来的感官能力，挑战常规社会思维模式。2017年，她针对正在节食或习惯进食速度过快的人群，设计了一款感官饮食餐具——减肥汤匙（见图4-9），让目标人群以相同频次进食但摄入量却只有之前的一半。这款减肥汤匙设计的目的在于，通过探索以触觉为核心的多感官现象，去帮助人们建立一个平衡和健康的饮食习惯，传递慢速进食、咀嚼和吞咽的理念。

还有一个作品。某餐厅的主办人希望人们能更加关注食物本身，享受进食的过程，不要将餐厅视为一个只具备社交属性的场所。针对这个希望，设计师们提出了一个试验性的餐具设计的想法。此餐具设计背景为双人用餐的场景：在用餐时，两人需要保持双方天平两端食物重量一致，否则天平会因为平衡被破坏而晃动。这个餐具设计意在让用餐者主动放慢进食速度，更加享受进食过程或在意对方进食程度，增进用餐双方之间的互动感。图4-10所示是这一需要保持平衡的餐具。

面对生活中日益严重的食物浪费问题，设计师龚保罗创作了一个概念项目"人类土狼"（"Human Hyenas"，2014）。在该项目中，龚保罗想象，超人类主义者和生物改造爱好者形成了一个概念团体，利用合成生物学来创造新的细菌，并利用新型工具改造他们的消化系统。图4-11所示是"人类土狼"项目。

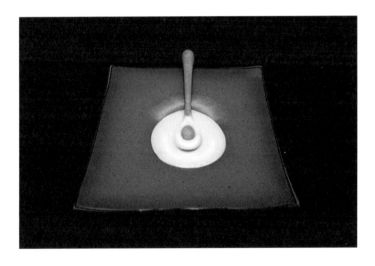

图 4-9　减肥汤匙

图 4-10　需要保持平衡的餐具

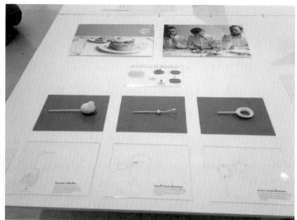

图 4-11 "人类土狼"项目

　　"人类土狼"项目的一系列器具里面装满可消化腐食的细菌，人通过这些器具"吃"下细菌可以达到消化腐食的效果。为了降低霉菌令人不悦的气味和口味，需要借助神秘果中的蛋白成分。这种蛋白成分经过一段时间可以使酸性物变甜，使腐败的食物闻起来香甜，以改变人们的味觉和嗅觉，从而让人类像土狼一样拥有不同的嗅觉和味觉，安全舒适地消化腐烂的食物。

　　"人类土狼"项目提出了一个问题——人类是否能够利用合成生物学来改变自己的身体，以解决更大的问题。在现今全球食物浪费问题极为突出的背景下，龚保罗以思索性设计的核心问题之一——如何把"将世界改造为适应人类"转变为"将人类改造为适应世界"为切入点，结合现代生物技术，以产品设计为媒介提出了自己的解决方式。

第三部分

推动食物设计思考

5.1 食物与广告设计

广告，顾名思义，就是广而告之，向社会广大公众告知某件事物。食物广告是指利用各种媒介、以各种形式发布的各类食品题材的广告，包括普通食品广告、保健食品广告、新资源食品广告和特殊营养食品广告等。

食物与广告设计，实际上是在探讨饮食设计和饮食服务设计之间的关系；探讨如何运用广告设计中的五官体验来构成或丰富食物设计。广告设计中交互体验的应用可以潜移默化地影响食物设计，而广告设计思想又可以直接影响人们的审美观念，加强人们的视觉体验，从而引导整个社会的审美观念，因此，广告已成为时尚的代名词，成为传播文化和艺术的重要构成，在食物设计领域发挥着重要作用。

在数字技术变革的时代背景之下，传统广告的生存和发展空间逐渐缩小，失去了大量的市场份额，正在遭遇空前的生存危机，取而代之的是新媒体广告。与传统广告相比，新媒体广告在形式与内容方面具有不可比拟的优势，对人们的生活产生了重大影响。这是一个拼什么的年代？这是一个拼创意的时代。这还是一个什么年代？这还是一个讲究吃的年代。

某品牌饮料的广告（见图5-1）充满深意：两只手、一个瓶盖，就是一个瓶子的形状了，同时也代表反对种族歧视。

FROOTI芒果汁广告（见图5-2）颜色的对比很有冲击力，整体视觉颇有夏日感觉，以明亮的黄色、紫色碰撞，使人产生心理效应，象征芒果汁酸甜的口感。

图 5-1 某品牌饮料的广告

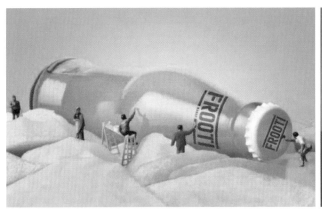

图 5-2　FROOTI 芒果汁广告

　　图 5-3 是某品牌口香糖广告，运用图形重构的方法，将牙刷与口香糖融合在一起，广告中既使口香糖看起来很美味，又显示了口香糖的作用。在食物与广告的创意设计中经常运用产品与图形的融合来体现产品口味及质量特征，如图 5-4 和图 5-5 所示的薯片广告和沙拉广告。图 5-4 中的薯片广告就巧妙运用了产品包装外盒和产品的形态，特意摆置成极具趣味性的方式，就像嘴与舌头一样。

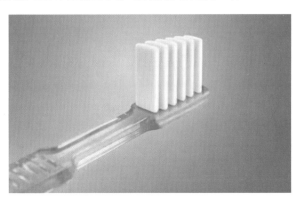

图 5-3　某品牌口香糖广告

图 5-4　薯片广告

图5-5 沙拉广告

广告设计的版式一般用尽量少的元素以及适当的留白，既可以保持画面的简洁清新，又能隐喻食材干净新鲜。比如，某品牌水果茶广告（见图5-6），将水果与茶壶搭配得十分协调，整体的色调令人感到温暖又可口。

既然美食这么多人爱，一些不卖食物的品牌，甚至公益项目，自然也不错过，它们会在广告中以某种方式与食物连接。比如，"世界正在融化"公益广告如图5-7所示，这是世界自然基金会为了引起人们对全球变暖的关注，以冰激凌代言全球气候问题。又如，世界肾脏日公益广告（见图5-8），用西兰花比拟肾脏形态，告诉人们要多吃蔬菜，蔬菜有益健康。

当创意广告和食物结合在一起，相信你隔着屏幕都能感受到食物的魅力。

图5-6 某品牌水果茶广告

以流媒体的形式表达食物主题的广告采用的方法有很多种。当前，新媒体数字影像、计算机图形学（computer graphics，CG）特效、网络技术在不知不觉中走进了人们的生活，并迅速成为当代知识经济产业的核心。此类数字媒体艺术的快速发展，极大地丰富了现代信息行业的内容和形式，一时间，手机媒体、数字电视、移动电视、交互游戏等凭借极快的传播速度和极广的传播范围迅速占领了人们获取信息的所有渠道。作为受影响最大的行业之一，现代广告设计也在影视广告、网络广告等方面开始应用和推广数字媒体艺术，取得了不错的市场效果。为了使这一技术形式获得更加深入的发展，为人们的生活提供更多便利，深入研究数字媒体艺术与广告设计的结合成为必然。

现代食物广告设计在数字化技术的使用过程中，通过激发情感，引起受众注意，让受众在情感的指引和感召下"走进"广告设计的创意，产生购买欲望。在商品多样化的今天，同类商品往往有着大同小异的外在形式和内在。消费者在选择时，大多是从形象开始的，因此，广告设计要从形象入手，通过与数字化技术相配合设计出具有浓郁的感情色彩的宣传广告，引起受众注意，充分发挥形象的感染力与冲击力，激发受众欲望，从而促成购买行动。

数字化广告设计中消费者的视觉体验也能帮助企业强化食物品牌内涵。因为广告中的视觉体验可以潜移默化式地影响食物设计，引导社会的审美观念变化，因此，食物与广告设计联系紧密。

我们以自带热点属性的品牌"喜茶"为例来分析。"喜茶"在最新的亮相中，把品牌广告拍成了茶文化传播宣传片。

"喜茶"2020年的广告第一次将其背后神秘的灵感源头——喜茶有机茶园展现在大众面前。视频里的老茶农说："我七十二了，采了八年的茶。"除此之外，当地人采茶、制茶的状态，茶与茶农的故事，茶对当地人的意义，等等，都会形成一种天然打动人心的力量。这种力量会自然顺延到消费者喝"喜茶"的过程之中，喜茶的广告创意价值得以进一步强化。

《文化战略》的作者道格拉斯·霍尔特提出，广告要想占据消费者的内心，必须赋予广告文化力量。什么是广告的文化力量？举个例子，一定有很多人听说过可口可乐公司总裁的一句话："即使一场大火烧掉了我们所有的资产，但只要可口可乐的牌子在，我就会快速东山再起！"

可口可乐的背景决定了它的广告诉求表达。可口可乐的广告经历了第二次世界大战时象征民族团结的欢悦，也经历了20世纪60年代至今象征冲破种族、国家和性别界限等的文化创新表述。

我们惊喜地发现，"喜茶"广告就拥有这种文化力量：广告在食品与消费者之间建立起强大持久的情感纽带。消费者对于"喜茶"两个字有着非常强烈的认同感，以前只是"我想买杯喝的"，现在变成"我要买杯'喜茶'"。在很大程度上，"喜茶"和网红茶饮不同，它更强调个性、文化和符号，并通过广告将这些个性、文化和符号渗透进它和用户的长线沟通之中。

我们从传播学的符号学来分析，事实上，广告的创意与传播实际上是广告符号编码、解码的过程。"喜茶"的视频广告设计者从广告创意编码的角度充分挖掘了文化母体，沉淀了品牌资产，展现了制茶工艺和茶源地的人文氛围。那么，找到匹配的文化母

图5-7　"世界正在融化"公益广告

图5-8　世界肾脏日公益广告

体之后，如何实现广告创意的解码呢？"喜茶"很好地连接了中国古老茶文化的文化密码，并不断融合时代潮流，渗入现代艺术文化，构建了一个与中国传统茶文化相联系的新式茶饮广告的解码符号。

"喜茶"广告最难得的地方是较早嗅到了年轻人对于中国文化传承的需求，而且也能权衡现代流行与传统文化之间的审美差别，它借助中国茶文化在大众心里的渗透力，把自己的品牌"挂"到中国茶文化身上，从而参与了中国茶文化的仪式和符号的传承。

"喜茶"广告的成功点在于小心地对这些广告创意代码进行改造，通过符号的编码、解码将茶和茶背后的文化年轻化、国际化、互联网化，创造出一种新的、易于被接受的品味体验。

食物与广告还存在更加深入的社会关系。2016 年，中央电视台在发布会上表示，央视学习贯彻习近平新时代中国特色社会主义思想，大力宣传和助力扶贫攻坚重大任务，推出"国家品牌计划——广告精准扶贫"项目就是其中一项重要举措。

"国家品牌计划——广告精准扶贫"项目是央视为认真贯彻落实习近平总书记关于扶贫工作系列讲话精神，响应习近平总书记"广告宣传也要讲导向"的指示而推出的品牌推广项目。2018 年，央视"国家品牌计划——广告精准扶贫"项目确定了湖北省武当道茶，房县小花菇、木耳，蕲艾，红安花生，赤壁青砖茶，恩施硒土豆等多个农产品为央视"国家品牌计划——广告精准扶贫"项目推广产品。同年，江西 7 种农副产品也列入该项目。相关公益广告持续播放半年，精心拍摄的视频广告有利于培育各省（区、市）农产品特色品牌，推动产业扶贫、精准脱贫。

"巍巍井冈五百里，处处蜜柚果飘香。"2019 年 1 月 1 日起，中央广播电视总台播出了井冈蜜柚扶贫广告（见图 5-9）。井冈蜜柚产业是吉安六大富民产业之首和扶贫攻坚的首选产业。2013 年开始，吉安市委、市政府积极推进"井冈蜜柚富民产业千村万户老乡工程"，引导贫困户种植井冈蜜柚，发展井冈蜜柚产业，实现稳步脱贫。

图 5-9　井冈蜜柚扶贫广告

目前，"井冈蜜柚"已注册为地理标志证明商标，蜜柚种植面积达 38.5 万亩（1 亩≈666.67 平方米），投产面积达 10 万亩，产量约为 5 万吨，产值约为 3 亿元。该项目累计带动 5 万余户贫困户种植井冈蜜柚，贫困户户均增收 2 000 元以上。

"巍巍罗霄，福地莲花，山林茂密，泉水叮咚，温润气候，明媚阳光"，成就了莲花大米独特的品质。"精耕细作，自然滋养，籽实饱满，营养丰盈"，书写了莲花大米的今世"传奇"。中央电视台播出了精心制作的莲花大米扶贫广告（见图 5-10），推动莲花大米"出山"，为莲花扶贫提供了新模式。

CCTV "国家品牌计划——广告精准扶贫"项目成果告诉我们，广告也能深入践行精准扶贫战略思想，模范履行媒体社会责任，积极创新扶贫模式。大量数据证明，依托央视强大的品牌塑造力和广告传播效应，这些特色农产品广告为全国广大贫困地区打造农业特色品牌、促进农村产业转型、带动农民脱贫致富提供了强有力的帮助且产生了良好的经济效益和社会效益，极大鼓舞了贫困地区干部群众脱贫攻坚、同步进入全面小康的勇气、志气和底气。

"广告之父"奥格威有一个著名的观点："最终决定广告地位的，是广告文化精神上的深度与个性，而不是产品之间微乎其微的差异。"

图 5-10　莲花大米扶贫广告

5.2　食物与品牌设计

信息的全球化导致了经济的全球化，经济的全球化必然伴随着品牌的全球化。现在的时代是品牌经济的时代。在经济的每一个细分领域，竞争都表现为品牌的竞争。

改革开放 40 多年以来，我国经济获得了飞跃式的大发展，已经成为世界第二大经济体和制造业第一大国，我国生产的 500 多种主要工业品中有 220 多种产量位居全球第一。我国有众多的优秀商品和著名商标，但是真正意义上的著名品牌并不多见。早在 2016 年，国务院办公厅发布《国务院办公厅关于发挥品牌引领作用推动供需结构升级的意见》，明确说明："品牌是企业乃至国家竞争力的综合体现，代表着供给结构和需求结构的升级方向。"那么，追本溯源，从品牌的发展历程来看，品牌到底是什么？

品牌起源于燃烧的烙印，如图 5-11 所示。找到事物的原点，

图 5-11　烙印

有助于认知事物。"品牌"一词,源于古斯堪的纳维亚语"brandr",意思是"燃烧",也就是用烧红的烙铁在牲畜或者财产上,烙上所有者的印记。

品牌,是一个符号,意味着专属、区分。品牌,是事物拥有者的符号,用来区分你的、我的、他的。品牌,在这个维度上,和"标志"的含义有些类似,标志是生活中人们用来表明某一事物特征的记号。

"品牌"最初是指人们要标记自己家的家畜或是自己的私产而用烧红的烙铁在这些家畜和财产上烙上特有的标志,从而和别人的同类物品区分开来。在词典里,"brand"意指名词"品牌"时被解释为"用来证明所有权,作为质量的标志或其他用途",即用以区分和证明品质;作为动词时意指"打烙印"。在中世纪的欧洲,手工艺匠人也用打烙印的方法标记自己的产品,便于顾客识别产品的产地和生产者,并以此为消费者提供担保,这就形成了最早的商标,即品牌。

伴随着商品生产和流通的出现,商品的生产者为方便购买者对商品和商铺进行区分,在商品上做上印记,在商铺前面挂上"招牌"或者"幌子"来招揽顾客,从而成为另一阶段的品牌形式。

品牌,从一个符号演变为一个系统化的形象,成为推广商品的手段。形象是品牌的根基,企业必须十分重视塑造品牌形象。图 5-12 是知名汽车品牌。

图 5-12　知名汽车品牌

品牌战略宗师大卫·阿克说,"品牌是企业战略之脸(a brand is the face of a business strategy)"。品牌形象,在市场上、消费者心中所表现出的个性特征,体现为消费者对品牌的认知与评价,反映出品牌的实力与本质。品牌形象所形成的品牌联想,影响消费者对品牌的认知与购买行为。品牌联想从总体上体现了品牌形象，决定了品牌在消费者心目中的地位。科勒认为，品牌联想是顾客与品牌长期接触形成的，它们反映了顾客对品牌的认知、态度和情感，同时也预示着顾客或潜在顾客未来的行为倾向。

绝大多数的老字号都是建立在过硬的产品质量上、逐渐累积形成用户信任的。老字号是在数百年的商业和手工业竞争中留下的极品，都各自经历了艰苦奋斗的发家史而最终统领一行，其品牌也是人们公认的质量的标杆。现代经济的发展，使老字号显得有些失落，但它们仍以自己的特色独树一帜。

一个好的品牌名可以让企业知名度飙升，在食品行业也是如此，一个朗朗上口的品牌名称往往会成为一个食品企业的无形资产，很多知名品牌的背后都有着鲜为人知而又耐人寻味的故事。作为学习者，我们要了解食品品牌定位和品牌名称的关系。

中国的百年老字号不胜枚举，市场有优胜劣汰的功能，能存活下来的，必定是大家认可的。

比如"稻香村"。"稻香村"食品用料讲究且正宗——核桃仁要用山西汾阳的，玫瑰花要用京西妙峰山的，龙眼要用福建莆田的，火腿要用浙江金华的，等等；做工讲究手工活儿，"凭眼""凭手"。它源于1773年，当时叫"苏州稻香村茶食店"，距今已有两百多年。当年，乾隆皇帝下江南吃过"稻香村"糕点后，赞叹"食中隽品，美味不可多得"，并御题匾额，赐名"稻香村"，从此"稻香村"名扬天下。

又如"狗不理"包子。对于"狗不理"这个品牌的由来，民间有两种说法。第一种说法是：在天津郊区有一户农家，四十岁得一子，为求平安取名叫"狗子"。狗子长到十四岁时，来到天津学手艺，在一家蒸食铺做小伙计，由于他心灵手巧，勤奋好学，练就了一手好活儿。其后，狗子不甘心寄人篱下，便自己摆起了包子摊儿。他做出的包子因味美而远近闻名，生意十分兴隆，狗子忙生意顾不上说话，人们都说"狗子卖包子不理人"。就这样天长日久，人们就叫他"狗不理"了。第二种说法是：袁世凯吃过"狗不理"包子连声叫绝，随即进京入宫将包子献给慈禧太后。太后品尝了包子十分高兴，夸赞曰："山中走兽云中雁，腹地牛羊海底鲜，不及'狗不理'香矣，食之长寿也。"从此，"狗不理"包子名声大振。

由此来看，食物品牌名称的背后都有历史、故事及特点。我们可以从下面几个方面来考虑食物品牌定位与命名的关系：

其一，食物品牌起名要新颖独特且对比强烈。

品牌起名的目的是有利于消费者的选择，使它们在同类产品中具有"万绿丛中一点红"的效果。一个新颖独特的品牌名称就等于给商品做了一个绝好的广告，它能给企业带来丰厚利润。

比如"雀巢"咖啡。"雀巢"的品牌名称看似信手拈来，实则与创始人的名字——亨利·内斯特（Henri Nestle）有关，因为在德语里，"nestle"的意思是"小小鸟巢"，本身就有一种温馨含于其中；在英文中也有"舒适，安顿下来""依偎"的含义。由于创始人名字的特定含义，该品牌名称与英文同一词根的"nest"（雀巢）相联系，以雀巢图案作为品牌图形，又使人将嗷嗷待哺的婴儿、慈爱的母亲和健康营养的雀巢产品联系起来。

其二，食物品牌起名要能够隐喻产品特点。

品牌名称能否表现产品独特性，也是消费者更为关心的一个话题。知道"百事可乐"的"百事（Pepsi）"是怎么来的吗？因为百事可乐发明者Bradham认为他的饮料可以帮助消化，缓解消化不良的症状，所以从"dyspepsia"（消化不良）这个单词中取用了表示"消化"的词根"peps"。不过也有人说，"Pepsi"是从"pepsin"（胃蛋白酶）这个单词中来的。虽说"Pepsi"到底是从哪一个词演变来的还没定论，但"帮助消化"的含义还是一致的。所以，百事可乐的广告语是不是还可以说成"百事可乐，把'好胃口'带回家"呢？

其三，品牌的命名要做到好听、好看、好记、情深。

"好听"是指品牌的名称听起来就让人舒服；"好看"是指品牌标识赏心悦目；"好记"是指名称朗朗上口，便于记忆；"情深"则是指品牌有文化韵味或极具情感内涵。

德芙巧克力标志设计由"D""O""V""E"字母变形而成，简单的几个字母展开来的意思就是"do you love me（你爱我吗）?"，字体是巧克力色，就如香甜的巧克力酱淋成一般。德芙品牌名称有很深的寓意，背后有一个凄美的爱情故事：20世纪初的卢森堡，因为王室特权斗争，相恋的芭莎和莱昂彼此错过，莱昂为了纪念这段爱情，苦心研制出香醇独特的德芙巧克力，每一块巧克力上都被用心地刻上"DOVE"。由此，德芙巧克力成了爱情的象征。

再比如"旺旺"品牌。"旺旺之父"蔡衍明19岁创业赔掉1个多亿，心灰意冷的他在某夜沉睡时梦见有狗冲自己汪汪叫，冥冥中像是在召唤自己。醒来后，蔡衍明便到当地供奉灵犬的八王公庙祭拜，并从此打起精神，继续奋斗。后来，蔡衍明在米果生意上发现了机会，花了两年多时间从日本"米果之父"桢计作手中获得了米果制造技术。就这样，曾经的宜兰食品厂变作"旺旺"食品厂。直到现在，"旺旺"公司文化一直与狗有关，一方面是想以狗自信勇敢的精神激励公司员工，另一方面也是因为狗的叫声——"旺旺"的寓意很好。

其四，品牌的命名要顾及国情、民情、民俗和民风。

前面谈到的天津"狗不理"包子在我国北方已畅销了上百年，但它在广州（南方城市）却寸步难行。这是因为，广州人对"狗不理"这个名称在心理上不能接受。这也侧面印证了品牌命名应因地制宜的道理。由此可见，产品命名不但要考虑它所具有的积极意义，而且要考虑产品销售市场的国情、民情、民俗与民风，做到"入乡先问俗"，千万不要冲撞了当地的社会禁忌。

人是唯一追寻自身存在意义的动物。希腊古城特尔斐（见图5-13）的阿波罗神殿上刻有七句名言，其中流传最广、影响最深以至于被认为点燃了希腊文明火花的却只有一句，那就是："人啊，认识你自己。"

古希腊著名哲学家苏格拉底把"认识你自己"作为自己哲学研究的核心命题。法国大思想家蒙田也说："世界上最重要的事情就是认识自我。"人对自我的追问，是哲学界一个永恒的话题。品牌，是人们用来区分自身身份的手段。品牌，是一类群体用特定产品来彰显特定身份的标签。物质的丰裕、消费者自我身份意识的觉醒，使人们更倾向于通过自己的感受与世界观来看世界。

消费者自我意识逐渐增强，基于身份特征的品牌营销变得很有必要。菲利普•科特勒在《营销3.0》中提到，"要向消费者营销企业的使命"，本质上就是指企业要以自己独特的身份与消费者建立共鸣。

2018年，中共中央、国务院印发了《乡村振兴战略规划（2018—2022年）》，在全面实施乡村振兴战略的20字总要求中，把"产业兴旺"放在了首位。乡村振兴，产业发展是重中之重。我国是农业大国，也是一个食品生产和食品消费大国，振兴乡村食品产业、塑造本土食品品牌意义深远且重大。

太多的乡村美食等待着被发现，乡村美食能够触动消费者的味蕾，而乡村旅游又能勾起消费者出行的欲望。将乡村美食与乡村旅游有效结合，"打组合拳"，将有力推动乡村产业的发展。"美食＋美景"更具吸引力和生命力，可成为乡村旅游的特色品牌。

图5-13　希腊古城特尔斐

第 6 章　基于功能美学的食物设计

6.1　食物与产品设计

在食物与产品设计的问题上，我们主要分为两个方面讨论：一方面是烹饪食物的工具设计，姑且片面地称其为食物产品设计；另一方面是辅助进食的餐具设计，可称其"为了食物的设计"。

食物产品设计的概念接近于传统意义上的"产品设计"，但它的后期涉及食品项目的大规模生产与营销。设计对象是一切"有包装的"（被销售的）食物产品。食物设计师会从食物产品的造型、颜色或食品包装入手挖掘食物的价值。

食物产品设计可以理解为为制作食物而设计工具，是产品设计与食物设计的交叉部分。其中，对于烹饪工具的设计直接决定了人们对食物的创造规则，这种规则也会进而影响人的进食规则。自史前人类用火进行烹饪开始，烹饪工具的进化就已经开始，可以说，这些工具的进化史也参与书写了人类的文明史。烹饪工具的革新与升级为食物设计带来了更多可能，也为人们带来了更为丰富的进食体验。

如何从食物出发做产品设计？这一次我们不从食物本身出发，而是一起去探讨食物运送链中食物储存、携带、品尝的过程中会遇到的各种问题。

水果和蔬菜会自然释放出乙烯气体，从而促进成熟并导致腐败。为了使优质农产品免于变质，我们可将家用品牌的绿色包（见图 6-1）存放在冰箱中，使农产品保鲜期更长。绿色包中的天然炭过滤器可吸收乙烯气体，减缓果蔬腐败过程。

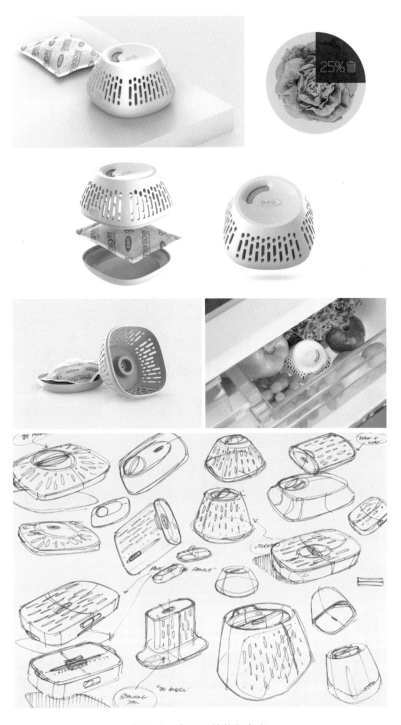

图 6-1　家用品牌的绿色包

　　据调查，有 25% 的水果和蔬菜购买后会因为腐败被扔掉。绿色包通过吸收乙烯气体可以更长时间地保持农产品新鲜，日期刻度盘会记录何时应该更换炭过滤器。

　　图 6-2 所示的饭盒设计十分精美，外观时尚、靓丽且能够使人十分方便地携带食物。设计师通过隔热＋防漏设计，使该饭盒适合放在任何袋子中携带。

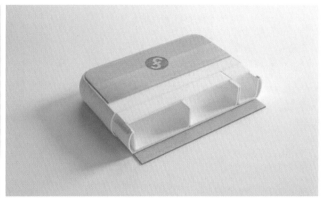

图 6-2　饭盒设计

　　图 6-3 所示是某美食品牌广告设计。整个广告的理念是在饮用开胃酒期间改善品酒体验，促进菜肴的共享，指导菜品的选择。果酱和奶酪之间的组合以不同的木材联系，不同的材质和风格隐喻不同的情绪，象征旅游、勘探等场景。材质和风格不同的"情绪板"也寓示模块化、简单、清洁以及粮食。

图 6-3　某美食品牌广告设计

　　类似的还有图 6-4 所示的聚焦美食的产品广告设计。

图 6-4 聚焦美食的产品广告设计

图 6-5 是与图 6-3 相关的品尝套餐流程设计图。该套餐提供了基于共享菜肴的体验。设计目的是通过开胃小菜来指导用户在开胃酒中选择更好的口味组合。组件的尺寸设计有助于通过模块化形式展现食物，用户可以在饮用开胃酒或享用晚餐期间修改和建立自己的品尝路径。

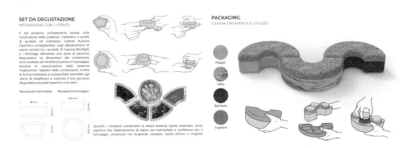

图 6-5 品尝套餐流程设计图

图 6-6 所示为品尝套餐设计。该包装在形式、材料和概念设计上都更加成熟。整体容器采用三种不同类型的材料制作，即榉木、橄榄木和竹子。

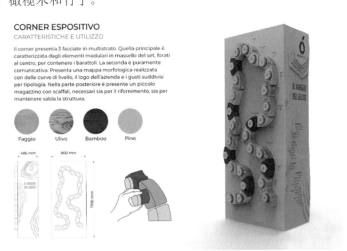

图 6-6 品尝套餐设计

图 6-7 是泡泡茶设计。

图 6-7　泡泡茶设计

续图 6-7

　　泡泡茶代表了我国台湾独特的街头饮料文化，但是它每年会带来约十亿个一次性塑料杯和塑料吸管废弃物。后来，设计师在与 Spring Pool Glass 合作的项目中，使用了再生玻璃来制作没有吸管的茶杯，使茶容器不再难于清洗，让环境保护成为人们日常生活的一部分。

　　我国台湾的茶文化发展了几十年。从传统的茶道、泡沫红茶店到各种成分的手握饮料，人们专注于茶的嗅觉、咀嚼成分，再到视觉享受。近年来，环保意识的提高使饮茶容器成为相关设计要重点关注的部分。

　　泡泡茶的内杯设计：将冰块放在杯子中间，使温度和浓度更加平衡。杯子的材料由环保型回收玻璃制成，可减少环境污染，令人们可以在不增加环境负担的情况下享受新鲜的手工饮品。

　　"唯食物与爱不可辜负"。"喝一杯好酒是一个探索的旅程"，在高级餐厅，倒酒的整个流程可谓是极尽讲究之能事。毕竟，葡萄酒只有在长时间与空气充分接触的情况下才能使其各成分真正发挥作用并香气四溢。某品牌电子气压式醒酒器（见图 6-8）的设计正是基于这一点。传统醒酒时，需将红酒倒入醒酒壶中，等待很久才能达成效果，而该品牌醒酒器通过特别的电子气压设计装置，只需按一下按钮，红酒便可以高速和空气混合。这一优势使得该品牌醒酒器成为全球首创的电子气压醒酒器，以每 2 秒 28 毫升（约 1 盎司）的速度瞬间醒酒，是传统的红酒增氧器 6 倍以上的效果。

图6-8　某品牌电子气压式醒酒器

图6-9　某品牌烤面包机

图6-10　某品牌华夫饼机

图6-9是某品牌烤面包机。这款烤面包机功能多样，可烘焙多种面包。比如，甜的黄面包可用"水果面包烘焙"的设定进行烤制。烤面包机的"打开及查看"按钮可以让用户检查烘焙状况，而无须打断烘焙进程；"再来一点"按钮可以让用户选择是否再烘焙一段时间；而条形液晶屏显示的则是剩下所需烘焙的时间。这些按钮颜色及其指向的功能各异，展现出对操作方便性及设计艺术感的追求。

图6-10是某品牌华夫饼机，其壁厚适宜，独具设计感，烘焙温度恰到好处，可以使热均匀地散布开来。温度控制设定由一个旋转式拨盘完成。在使用产品烘焙华夫饼作为晚餐时，液晶屏上会出现颜色变化。机器把柄及外部表面是安全绝缘的，操作起来十分安全且方便，机盖可打开110°。产品既在外观上具备几何形状之美，又在操作上具备便利性，使用户在体验上极具畅快感。

图6-11是某品牌电动俄式茶壶，主要部件为两个玻璃茶壶：下端茶壶容量为3升，可用于烧水及之后的过滤；上端茶壶容量为1升，可将茶叶放在里面。从卫生因素考虑，上下两个茶壶都是玻璃制成。该茶壶有一个显示屏和一个LED显示条，可显示工作状态，如加热、达到沸点及保温等。产品着眼于最优化的功能设计，力求在传统俄式茶壶中加入一定的现代感与时尚感。

图6-12是某品牌榨汁机，这是在世界食品产品设计评比中获奖的榨汁机。它强调饮食的新鲜，契合人们的饮食习惯。榨汁机外观简洁大方，为用户提供了多功能的选择，它既可用于榨汁，也可取汁、搅拌。有了它，我们可以更好地利用水果及蔬菜，将诸多的营养留在汁液中。该榨汁机锥形处理这一创意，使果浆得以充分保留。机身上有一个控制旋钮，操作方便。使用时，人们无须对压榨的速度做任何调整，因为它是完全自动的。由于有滴漏保护装置，该榨汁机的清洗也比较方便；且果汁不易泄漏，厨房得以保持干净。此外，所有与果汁及离心机接触的部件均可拆卸，能直接在洗碗机中清洗。因其智能化、功能化的设计，该榨汁机产品很快成为许多人厨房里不可或缺的器具，并激发着人们不断涌现出新的创意。

以上都是关于烹饪工具的产品设计。

在食物与产品设计中，还有一部分与食品相关的创意产品设计是由于新型冠状病毒而诞生的。全球性疫情打乱了人们的正常生活，也引发无数思考：我们思考着如何自我防范，思考着疾病的治疗，思考着如何解决各种社会问题，思考着如何与自然共处……设计师也在思考着如何通过设计对社会做出贡献。

带着这样的思考，我们看到了许多创意产品设计，这些产品设计和人们的饮食习惯有着直接的联系。它们有的是针对实际问题提出的创新型解决方案，有的是在原有产品的基础上进行的改造或"变身"，以适应特殊情况下的需求。只有让这些好的设计广泛进入生活，才能真正推动公共卫生水平的进步。

产品设计师周宸宸认为，在严峻的疫情形势下，设计师需要重新定义，去面对这次疫情中显露的各种问题，不仅是为了适应当下的疫情，也是为了应对之后可能面临的更多的公共卫生挑战。为此，他联合多位设计师共同发起了"Create Cures"项目（该项目设计师及设计团体如图 6-13 所示），以"用创造来治疗"为出发点，从不同的防疫角度通过日常物件来思考设计作品，该项目设计涵盖居家、外出等不同的生活场景。

图 6-11　某品牌电动俄式茶壶

图 6-12　某品牌榨汁机

图 6-13　"Create Cures"项目设计师及设计团体

日常消毒并非大多数人有的习惯，但疫情期间，我们时常需要提醒自己和家人记得消毒，除勤洗手外，也要对随身携带的物品，如手机、钥匙等，及时进行消毒。设计师通过观察发现，目前多数的居家消毒方式都是使用消毒液或紫外线灯，这些都需要由人主动进行操作，没有养成消毒习惯的

图 6-14　结合消毒与置物功能的灯具

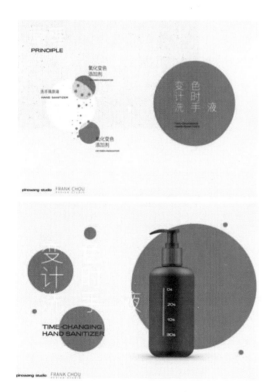

图 6-15　变色计时洗手液

人就容易忘记。周宸宸希望设计一款产品，在不改变使用者日常行为习惯的前提下，达成无意识日常消毒。经过思考，他将放置在玄关处的置物托盘和消毒灯合二为一，制成了一款结合消毒与置物功能的灯具，如图 6-14 所示。当我们回家像往常一样将手机、钥匙、钱包等物件随手放进托盘的时候，按下灯罩便能开启灯具内部的紫外线光源，进行 60 秒的消毒后，灯罩会自动弹开，结束消毒。此外，因为紫外线光源设置在托盘的底部，通过灯罩内部的反光涂层，能做到对托盘内物件 360 度无死角地覆盖消毒。同时，这个灯具还兼具照明和氛围营造的功能，优雅的外形极易融入家居环境。

对于消毒，更重要的是我们双手的消毒。新闻媒体分享过正确的"七步洗手法"，但不少于 30 秒的清洁时间却是很多人难以准确把握的。在此背景下，设计师王子侨设计了变色计时洗手液，如图 6-15 所示，在洗手液中加入可氧化变色的成分，在 30 秒的洗手过程中，洗手液会逐渐由粉红转变为蓝紫色，通过颜色的变化来提示使用者是否已经达到有效的清洁时间。这款变色计时洗手液让难以直观把握的时间以可视的颜色变化显示出来，设计师通过这个过程也让大家体验了一次"小魔术"，让洗手的过程不再机械而乏味。

在疫情之前如果问大家每次出门必须携带的物品有什么，可能会得到不同的答案，比如手机、钥匙、唇膏、香水等，但疫情中，每个人包里的物品都出奇一致——用于更换的口罩、免洗的酒精消毒液等基础卫生用品。在这种情况下，设计师朱晖设计了一款卫生用品收纳包，如图 6-16 所示。使用这款收纳包可以将卫生用品和其他用品一次性收纳起来，随时带出门。收纳包的外壳是由铝材质一次冲压成型，内部嵌入了磁铁，方便开合，侧边采用皮带串联，方便悬挂在把手上、背包上。产品尺寸为 12.5 cm×9 cm×2.5 cm，便于放进包里或口袋里。设计师想通过对现有物品的小小改变，将良好的卫生习惯变成一种风尚，从而逐步影响更多人。

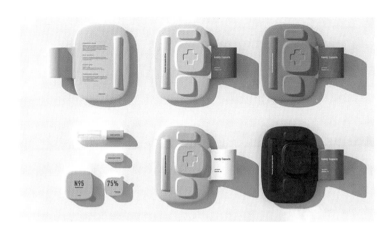

图 6-16　卫生用品收纳包

疫情席卷全球，带来卫生纸与洗手液等用品的日益稀缺。在日本，盛装洗手液的容器也一度库存告急。

鱼形酱油瓶（见图 6-17）大家应该都不陌生，在买便当或寿司的时候经常能见到，形状就像鱼一样，正常盛装酱料的情况下，鱼形容器的盖子颜色通常是红色的。由于疫情，许多餐厅都关门停业，大家外出就餐的次数也大大减少，许多原本要出货的酱油容器因此而取消订单。

为解决这一问题，生产洗手液和生产酱油容器的两家公司展开合作，创立了名为"SafeHandFish"的首创活动，用日料便当中常见的小鱼形酱油瓶盛装除菌洗手液，如图 6-18 所示。

鱼形除菌洗手液瓶使用如图 6-19 所示。

图 6-17　鱼形酱油瓶

图 6-18　鱼形除菌洗手液瓶

图 6-19　鱼形除菌洗手液瓶使用示意

这些酱油瓶被转换了用途，用来盛装防疫所需的除菌洗手液，不仅解决了酱油容器存货过多的问题，也满足了人们对防疫清洁的需求。改装成除菌洗手液容器后，鱼形容器盖子的颜色变为蓝色，给人一种更为清洁的感觉。

在日本，跟消毒用品一样供不应求的还有口罩，许多人因为口罩短缺而无法出门采购必要的食品。为此，日本顶级毛巾品牌厂家专门制作了一款产品，给手帕配上了挂耳绳。手帕通过折叠进行各种变化，可叠成适合使用者的口罩。加上手帕可以清洗，所以它能被多次使用并保持卫生。这一设计使人们得以解决口罩资源短缺的燃眉之急。虽然这种"口罩"并不能有效阻隔新型冠状病毒，这一创意仍是值得称赞的。

无论哪一类围绕食物的产品设计，都能以一句话概括："食之无味，则思之无趣。"

同样，科技也在深刻地改变着农业生产的方式。5G、卫星、大数据、互联网、智能机械……越来越多的"硬核"科技走进农田，让"镐锄镰犁""看天吃饭"成为历史，"体力活"成为"技术活"。事实上，对于我国农民而言，农业科技不再是"高大上"的新潮玩意，农业科技产品早已走到田间地头，走进千家万户。如今在全国各地，科技"装满"了粮仓，让中国人把"粮袋子"牢牢抓在自己手里，让农民用最好的技术种出最好的粮食，筑牢国家粮食安全防线。

科技正在改变农民赖以生存的土地，也改变着农业生产方式。河南商水县有一片5万亩的高标准农田，这里不仅有一流的基础设施，还配有水肥一体化、病虫害监测、智能灌溉、农用直升机等"硬核"装备。除此以外，还建设有一座田间气象站、一座土壤墒情监测站及物联网监控20套，通过智能物联网控制中心将所有现代化农业设施联系起来，提供数据监测、信息发布、田间管理等一系列农业生产服务，农民反而成了"按一下按钮""点两下手机"的"配角"。

通过智能物联网手机软件，农民能清楚看到地里所有自动喷灌阀门的状态，一个阀门控制着3到5个喷头，可以浇地0.75亩。当地农民骄傲地说："过去雇人工浇地，一个人一天最多浇10亩地，一亩地光人工费都要七八十（元），现在我动动手指头就能浇完所有地。"

"食为政首，粮安天下"。新技术产品的应用与开发能有效帮助农业增效、农民增收、农村增绿，逐步实现以农业科技创新为动力、加快推进农业现代化的美好愿景。

6.2　食物与空间设计

食物与空间设计主要探讨的是餐饮空间与食物设计之间的关系。经济和文化的高速发展给每个人的生活带来了极大的冲击和影响。现在，我们食物的变化不仅仅体现在原料、品种、口味等物质层面，更大的变化在于，人们越来越注重吃的环境和服务方式等文化因素。例如，大多数人都明显感觉到工作、生活、学习的紧张和压力，在工作之余自然会选择一个好的就餐环境，或交友，或一家人团聚，以释放精神压力，放松舒展自己的身心，所以，无论何种主题餐厅都特别重视食物空间文化主题的设计。

中国文化博大精深，可谓"取之不尽，用之不竭"。比如，将剪纸艺术应用到中式餐饮空间中，可使该餐饮空间既具有文化内涵，又具有创新意义。图 6-20 所示的这套以剪纸艺术为主题的餐饮空间充分运用了光、材料、色彩、陈设以及空间虚实相结合的手法，设计师认为剪纸艺术在光影塑造、材料选择、色彩运用、空间虚实变幻等方面，都可以与餐饮空间进行完美的结合，满足人们的心理需求。

图 6-20　以剪纸艺术为主题的餐饮空间

剪纸作为设计元素，被设计师运用于中式餐饮空间，可以增加文化的内涵，体现文化魅力，满足人们的心理需求。设计师对光、室内装饰材料、空间色彩、陈设以及空间虚实等几个方面的设计与意境营造能实现一定的艺术效果，使剪纸艺术与现代餐饮空间结合而形成一个有个性又兼具民族特色的主题餐饮空间。

现代餐饮空间设计通过改变地域文化元素在空间、功能上的位置，从传统的设计思路转变为改变其使用功能。例如，在江南风格餐饮空间设计中，设计师会设计一些河道，同时浓缩弄堂，将包厢与包厢外的过道用墙体分隔，凸显了"江南水乡"的柔和文化元素；在苏州风格餐饮空间设计中，设计师通过置换位置，将花格窗设计在顶棚、地面，为人们带来视觉上的新奇；在四川风格餐饮空间设计上，设计师会安置一些传统的建筑构件以及拴马桩、马槽、石磨等，营造温馨的氛围。图 6-21 所示是具有地域特色的餐饮空间设计。

图 6-21　具有地域特色的餐饮空间设计

　　在餐饮空间设计中，使用地域性文化元素是当前较为普遍的设计方式，在实际的应用中，这类设计方式能够实现历史文化、传统观念的传承。在具体应用时，应根据餐饮空间需求，选择合理的地域性文化元素，促使地域性文化元素与餐饮空间主题高度融合，全面提升餐饮空间的文化价值，为顾客呈现独具特色的设计风格。

　　城市化的加快、后工业时代的到来改变了我们生活的环境，人们开始反省，生活在城市的人们更加地渴求一方城市田园。使用者的需求将设计师的设计从对美与形式及优越文化的陶醉引向对自然生态的关注，引向对其他文化中关于人与自然关系的关注。设计师开始懂得用植物而非人工建筑材料更好地分割室内外空间，自然风比人工空调更健康，太阳能更安全洁净，微生物而非化学品能更持久地维持水体干净……这是对自然和文化的一种全新的认识。设计师开始关注满足可持续发展要求，让人们重新感知、体验和关怀自然的设计，人们生活的各个方面都有了生态的介入。

　　生态餐厅设计以人们回归自然的美好愿望为出发点，尊重自然，充分尊重原始生态地形，尽量保留基地原有的树木、竹林和植被等，并将建筑布局与自然景观融为一体，使其相得益彰。

图 6-22 所示为生态餐厅设计的代表之一——冰岛离子酒店北极光餐厅。如果要寻找一个被北极光所包围的安静的世界，那在冰岛的离子酒店北极光餐厅一定可以实现！静谧的午夜，一边小酌，一边仰望美妙的北极光，眼前的浪漫让人身心舒畅。

图 6-22　冰岛离子酒店北极光餐厅

冰岛离子酒店位于冰岛西南方向的国家公园附近，矗立在冰岛黑色熔岩冻土之上，周围点缀着青苔，就着温泉，枕着星光，饱览超凡脱俗的辛格瓦德拉湖和群山美景。该酒店由梅西事务所设计，原是一个废弃的建筑，融合了可持续创新的功能材料，以反映该地区的自然美景。酒店拥有狭长的外形、不规则的立柱与开窗，就像从苔原深处爬出来的一只史前怪兽，个性十足。餐厅的设计也是别具匠心。超大玻璃窗的运用，使得全角度视野无遮挡，同时又与周围冰河峡谷巧妙融合。整个餐厅的装饰呈现出北欧极简风格，内部空间除了大面开窗引进户外风光，更使用大量漂流木等环保材质制成家具，并充分利用天然的地热能源发电和供暖。

每个人心里多少都有田园情怀，因为田园是人类初生的摇篮，人们在广阔大地顺应自然呼吸而生。田园与城市虽在某种程度上未能共存，但城市却总少不了绿化。为何不将人们的"田园梦"与绿化结合起来呢？人们开始在城市种菜，利用蔬菜打造景观，将"菜园"变成"花园"，这逐渐成为一种人们喜欢的生活方式，我们将这种景观称为"可食景观空间"。

"可食景观空间"，顾名思义，不是简单种菜，而是用设计生态园林的方式去设计农园，让农园变得富有美感和生态价值。20世纪80年代，园林设计师、环保主义者罗伯特发明了一个有趣的术语——"可食景观"，它代表着园林设计与农业生产的融合。

洛杉矶公园（见图6-23）能让人们反思什么是"美"。当一位可食景观设计师在这座公园做了一次研讨会之后，公园就对其中心区域进行了彻底的改造。这个中心区域就是人们进入公园后看到的第一个展示区域。该区域被一分为二，一半被种上修剪整齐的草坪，另一半则是美丽的可食花园。鲜明对比产生的视觉冲击，让人们不禁对自己的生存环境产生了深深的反思。

海格尔最初是建筑师，后来逐渐转变为"可食居所"带领者，他带领的"可食居所"活动从美国到英国都受到了广泛的欢迎。他的初衷是："在这个时代，大家都担心着食品价格、安全，环境和社会影响，那我们为什么不能创造一个展示，让人们直观看到改变生活方式、改善环境的可能性呢？"在这样的背景下，"可食居所展示园"诞生了。

展示园中央是一座小木屋的"骨架"——它代表着当地居所的模样。木屋骨架的一侧，是普通的修剪整齐的草坪，另一侧是可食景观——或者说是精心设计的农园。这不仅是视觉的对比，也是作为对照的"试验田"。人们对比两种不同的园子，对比水、肥料、人力和能源的需求量，对比"产出值"——收获的食物以及生物的多样性等。哪方更胜一筹，可想而知。

图6-23　洛杉矶公园

在温暖的早春，展示园已经长出了郁郁葱葱的绿叶蔬菜以及豆类、草莓、可食的花朵。居民们很高兴能看到这一场景，而设计师也觉得这是美丽自然赐予人们的礼物。

很多来这里参观的人们原本以为在这里会看到常见的典型而整洁的园林或修剪平整的草坪，就像人们会在其他城市公园里看到的一样，但实际并非如此。当人们走进来，看到这片可食景观，他们感受到一种完全不同的美感。这片"农园"中有非常丰富的色彩，植物被按照形状和质地搭配起来——根本就不逊色于一般的装饰性花园。更妙的是，这些植物都可以吃！设计师们通过这个展示园希望人们能重新思考，到底什么才是"美"。

一位园艺师介绍，人们根本意识不到这么小的空间能产出多少食物。这里的产出完全可以满足一个普通家庭对蔬果的需要，而这个园子的面积甚至比一个普通家庭的草坪面积还要小很多！园艺师邀请参观者们直接品尝园中长着的食物，但是那些"品尝"的消耗对于产量根本一点影响都没有。剩下的食物被收获后就直接送到本地的"食物银行"。这提示我们，未来农业的发展趋势很有可能是"城市农场"。

其实，利用家里的阳台种植食物和照料花、草相比，并不会花费更多的劳作时间，还能让人们充分利用家中的厨余垃圾，减缓气候变化，增强食品安全，减少食物浪费，实践低碳生活，节约家庭开销，等等，人们甚至可以将旧家具改造成花园里的各种设施，在家里就能亲近自然。

我国相关组织协会近年来大力倡导"家庭农场"的概念，呼吁人们合理合规地通过一种美丽且可持续的方式种植食物。人们在公寓里、屋顶上、社区花园里都开始种菜（社区农园如图 6-24 所示），宜家甚至出品了一种室内水耕设备，让城市人都可以化身成"小农"。我们为这些变化感到激动：城市人要开始自给自足了。

图 6-24　社区农园

第四部分

食物与可持续发展

第7章 社会食物链

7.1 食品供应链

食品供应链是从食品的初级生产者到消费者之间各环节的经济利益主体（包括前端的生产资料供应者和后端的作为规制者的政府）所组成的整体。

食品供应链包含两个重要环节，即食品的初级生产环节（即农业生产过程和食品营销）及食品物流环节。"互联网+"视域下食品物流（见图7-1）与食品供应链之间紧密联系，不可分割。

图 7-1 食品物流

农业属于第一产业。农业生产指种植农作物的生产活动，包括粮、棉、油、麻、丝、茶、糖、菜、烟、果、药、杂（指其他经济作物、绿肥作物、饲养作物和其他农作物）等的生产。传统农业是在自然经济条件下，采用以人力、畜力、手工工具、铁器等为主的手工劳动方式，靠世代积累下来的传统经验发展，自给自足的自然经济居主导地位的农业，是采用沿袭下来的耕作方法和农业技术的农业。

现代农业定义广泛，是指应用现代科学技术、现代工业提供的生产资料和科学管理方法的社会化农业。在按农业生产力的性质和状况划分的农业发展史上，现代农业是最新发展阶段的农业。植物生产、动物生产和土地的培肥管理，构成了农业生产的三个环节。

目前，我国有超过600万家餐厅，而在这600万家餐厅背后，隐藏着一个年营收高达万亿元的食材供应链市场。传统的食材供应链市场存在贸易商分散、市场信息不透明、食材质量缺少把控、食材成本居高不下等一系列问题。于是，用互联网升级食材供应链在近几年成了一个热门创业方向。

经过几年的发展，"互联网+"食材供应链行业的渗透率却依然很低。服务企业用户的互联网解决方案难以在全行业范围内真正落地实施。

食材供应链的最大参与者是餐饮业。餐饮业发展带动食材供应市场进行跨越式发展。依据商业模式，餐饮食材供应链可以分为自营模式和平台模式。自营模式主要参与者为具有餐饮背景的企业，主要目的为掌握企业核心竞争力，控制企业成本，提高企业效率；平台模式的餐饮食材供应链企业以具有互联网"跨界"背景和供应链背景的为主，由于"跨界"运营的企业相对而言餐饮背景不够深厚，但借助于互联网资源和供应链资源积累能够在一定程度上构建行业聚合平台、优化行业资源配置。表7-1所示是餐饮食材供应链主要商业模式。

表7-1　餐饮食材供应链主要商业模式

所属领域背景	企业名称	成立时间	供应链模式
餐饮背景	信良记	2016年	爆品垂直供应链
	功夫鲜食汇	2017年	快餐食材供应链
互联网"跨界"背景	美菜	2014年	食材生鲜B2B电商
	链农	2014年	农业食材B2B电商
	宋小菜	2014年	蔬菜B2B交易服务平台
	京东企业购	2017年	采购配送电商平台
供应链背景	冷联天下	2013年	第四方物流服务总包商
	餐北斗	2017年	餐饮行业物流供应链

餐饮食材供应链从食材生产商（主要为农户或当地经销商，统一收购农户农产品）采购初始原材料开始，然后通过统一清洗、检测和标准化包装等流程完成标准化食材和半成品的加工。

图 7-2 是"京东"进军食材供应链概念图。

图 7-2　"京东"进军食材供应链概念图

我们来看看"京东"的餐饮物流。由"京东"创造的"京东新通路"宣布正式进军餐饮 B2B，为全国中小餐饮门店构建一条高效、透明的供应链，并推出一套集食材供应、食材认证、菜品研发和门店服务于一体的综合性餐饮解决方案。"京东"餐饮解决方案还包括与品牌商和专业机构共同研发新菜品，并推广到店，提升品牌商品在餐饮店中的使用率。同时，"京东"餐饮解决方案还将赋能中小餐饮店，使其获得集店铺选址、证照服务、招聘管理、市场推广等在内的一站式服务。

食材供应链的构成如图 7-3 所示。其要点如下。

图 7-3　食材供应链的构成

食材供应链的配送（见图 7-4）要及时。生鲜食品只能每日早上配送，因为它的储存和物流运输过程存在损耗大的特点，所以配送一定要及时。食材供应链最重要的是解决物流问题。因为食材供应链一般要进行冷链之类的物流配送，不但要准时而且要

图 7-4　食材供应链的配送

保证食材新鲜，所以配送及时是运营食材供应链的企业的头等大事。

食材供应链的价格要合理。一个传统行业特别是餐饮行业的食材供应链，更大的运营规模意味着在销售终端会产生更大的价格优势，这是运营食材供应链的企业的核心价值之一。这个规模优势的形成必然需要时间积累，谁能尽早投入并且持续专注，谁就能够形成先发优势。当然，如果没有先发优势，还可以借力资本或其他资源优势。

食材供应链的食品要安全。大型的食材供应商如果在食材供应过程中发生劣质食材事件，就容易产生口碑下降的问题，无法在食材供应链这个行业继续发展下去。因此，运营食材供应链的企业应及时收集下游需求，对上游菜农或一级采购商提出相应需求，再统一输出农产品，或统一加工后输出配送，在这个过程中，从价格、菜品质量、加工包装方式和质量、配送等方面实现统一化、标准化的管理运营。这样的做法一方面可以提高运营食材供应链的企业自身的效率，另一方面也符合国家食品安全理念，符合各部门颁布的食品安全相关的政策、法规。

随着市场竞争的加剧、信息公开程度的提高以及消费者对市场供求形势的影响，食品加工和销售部门都开始重视食材（食品）供应链管理。不仅各产业本身加强了食品安全以及质量管理，而且下游产业也纷纷加强了对上游产业的选择与控制，例如加工企业对农户的控制，超市对加工企业和农户的控制等。很多食品企业纷纷通过 ISO9000、ISO14000、HACCP 等国际认证。

7.2　触目惊心的食物浪费

根据联合国粮食及农业组织（FAO）统计，每年超过三分之一的食物在农田里、餐厅中或家里被丢弃，全球却还有 7.9 亿人口受饥荒所苦。这些矛盾与数据都宣示着大众必须开始正视食物浪费这个严重的全球性问题。从相关统计数据不难看出，目前的粮食危机主因并非生产不足，而是分配不均与过度浪费。那么，我们怎么杜绝对粮食的浪费呢？在生产、加工制造、销售和进入家庭等的这些环节里，我们都可以实行"再分配，再加值，再利用"的办法，全面提高食物的利用率。

联合国总部曾经举行过一场特殊的午宴，各国领导人排排坐，他们盘里的汉堡、沙拉等却暗藏玄机。

蓝丘餐厅与白宫的主厨联手将菜渣剩食变为佳肴，将常被作为饲料的玉米淀粉炸成脆薯，榨果汁剩下的果肉渣做成汉堡夹馅，再搭配一盘由常被餐厅丢弃的蔬果"格外品"做成的沙拉，这场"剩宴"除了反映农业生产造成的气候变迁议题，更希望让这些国家领导人正视粮食浪费问题。

提高剩食利用率这股风潮酝酿已久，欧盟政府于2009年成立了第一个剩食任务小组，展开剩食相关调查，更将2014年定为"零食物浪费年"，希望从源头管控，避免粮食浪费。由联合国在世博展设置的"零场馆"以触目惊心、占地近百平方米的剩食模型（见图7-5）提醒观众：目前的粮食危机是由分配不均与过度浪费所导致的。

展开错综复杂的食物供应链，每一种食材背后都被一条"细线"牵引，从产地源头经过加工制造、包装等运送到我们的餐桌，每条"细线"织成细密的饮食网络，每个环节中都藏着"隐形浪费"。

从食物浪费的角度可以将食物供应链简要区分成农牧场生产、加工制造及运输、餐厅及卖场销售通路和家户消费四个阶段，从中我们会发现，食物从产地到被盛上我们的餐盘，其实得"过关斩将"，经历层层考验。

在生产阶段：作物可能会因为虫害而报废，遭遇不良天气气候可能导致破裂、外观损伤，成为"格外品"，或因集中抢种而产量过剩。另外，还有一些供货给大型通路的农户，有时会为了确保达到合约交货量而增加作物种植量，导致作物过剩。此外，我国台湾地区每年进口的蔬果中，有近2 000吨因不符合检疫规范而被销毁。这些惊人的食物浪费每日都在发生。

在加工制造及运输阶段：有许多食物在加工时为了方

图7-5　世博"零场馆"内的剩食模型

便运送及包装，被指定成标准的大小或形状，削去的部分也造成了一至两成的浪费；在许多发展中国家，因为缺乏良好的设备，有时有高达四成的食物在加工运输过程中因碰撞导致腐烂而被丢弃。

在销售通路阶段：餐厅里摆盘精美的餐点，常因为单份食物量过大或厨房错估来客数而产生许多剩食。据统计，"吃到饱"餐厅每天都有两至三成的新鲜食材被扔进垃圾桶。

就算好不容易来到家户消费端，食物也不见得都能进到人们的胃里。应该不少人都有经验，许多买来的新鲜食材被放到冰箱里后很快就被置于层架的深处，直到过了保存期限才"重见天日"，这些过期食物的下场也是被扔进垃圾桶。

因此，有越来越多人试着从不同角度面对与解决各阶段的粮食浪费现象，学术界将富有创意与实践力的解决方法归纳为三大类，也就是"再分配、再加值、再利用"。

第一种方法是再分配，就是收集在生产、加工制造及运输、销售通路和家户消费等阶段所产生的剩食，将这些仍可食用的食物分配给需要的对象，如可采取"食物银行"、社区"共享冰箱"等方式。此种方法相对简单，且具备规模化与可复制性，是减少剩食的第一道防线。

第二种方法是再加值，即重制剩食，通过烹煮或加工制造，让剩食变成新商品。

掀起全球剩食餐厅风潮的"真的垃圾食物计划"，位于阿姆斯特丹、由四位年轻人发起的"新概念食堂"，以及来自我国台湾台东地区的"春一枝"冰棒，都是为剩食再加值的经典案例。

第三种方法是再利用。当食物因过期而无法再食用，可以通过回收利用的方法，让食物发挥最后一点价值，例如将厨余制成堆肥或再生能源。

除了根据不同食物生产阶段着手解决食物浪费问题，作为消费者的你我其实也可以从自身出发，从改变购买及烹煮习惯做起，有效减少剩食产生。例如，采购食物前先检查冰箱，避免重复购买，或是列出清单，不冲动购买不在清单上的项目；适量购物，减少对"买一送一"或折扣优惠的狂热，因为剩食浪费导致的损失远大于标签上折扣带来的优惠。

我们需要的是"吃掉"食物，而不是"丢掉"食物，要从你我做起，停止食物浪费。

第 8 章　可持续发展

8.1　食物系统与可持续发展

食物设计与社会的关系关乎食物设计系统。自联合国教科文组织 1992 年将文化景观作为世界遗产的一个新类别以来，越来越多的食物被人类赋予鲜明又深刻的文化内涵。我们从食物设计与技术媒介、食物设计与社会交流、食物设计与商业运营、食物设计与艺术设计四个方面来讨论食物发挥的社会性功能，并以此推及当代食物设计的发展趋势，有助于理解食物设计师与这个时代及社会互动的方式。

首先需要明白的是，食物从哪里来。有些人从小在城市长大，没有接触过食物种下去、长出来的过程，只是在书本里看到，然后在脑海里勾勒出乡村恬淡的田园风貌，觉得所有的食物都应是安全、健康的。只有亲自操作农活，奔走在田间地头，人们才能逐渐意识到现状和想象是有巨大差距的。农田的一年四季各不相同。夏天瓜果蔬菜（见图 8-1）满园，新鲜水灵；冬天（见图 8-2）银白萧索，万物寂静。

在乡村种田的农民，也许不会采取任何自我保护措施，在作物上施加化肥、农药等时也不会考虑是否可能对食用者有害；有些鸡长期关在一个很狭小的笼子里，几乎不长羽毛，没有阳光照射，生存状态非常差。由此，我们不得不暗存疑虑，如果我们知道自己吃的食物是化肥、农药"喂"大的，如果我们能看到吃的鸡肉就是由

图 8-1　夏天农田的瓜果蔬菜

图 8-2　冬天的农田

这样生存的鸡加工出来的，我们还会不会去吃？

最近的一个研究报告显示，现在吃到的西红柿和苹果，维生素 C、维生素 B1、维生素 B2 的含量，大概是 30 年前相同品种的 30% ～ 40%。有一个新词叫"隐性饥饿"，意思是人感觉吃饱了，但是身体其实并没有"吃饱"，因为吃的很多食物没有营养。

当我们下意识地认为自己吃的食物还是跟以前一样，从土地里慢慢生长出来，当我们想当然地认为市场上的食材都是自由选购的，可以择优挑拣，或许大多数人还没有认识到，我们的食物体系已经被设计或改变了。几千年来国人的饮食习惯，或者说生活体系，在短短的几十年中发生了巨大的变化，其变化甚至要大于之前的几千年产生的变化。

当我们的思想还停留在吃什么的时候，我们的下一代已经被铺天盖地的各种食品广告洗脑，触目所及 90% 关于食品的广告都在推送垃圾食品信息，日复一日，当我们还没缓过神来，就已经被大量的垃圾食品层层包裹，原有饮食文化传承下来的食物体系也在不断地被吞噬、被改变。

我们真正可以自由选择的到底是什么？我们的目标不是去寻找一方净土。近年来，许多人都会选择去三亚过冬，他们认为到三亚可以远离严寒和雾霾，呼吸温暖新鲜的空气，殊不知，即使去到不同地方，吃到的仍有可能是有问题的食物。寒冷地区冬季的雨雪严寒可以杀死很多害虫，而三亚常年高温高湿的气候环境导致菜地的病害、虫害很难控制，因此三亚仍有一些地方田间地头随处可见农药袋，这些农药每天被喷洒在农田里，渗透在土地里，连带土里生长的食物也受到污染，进而影响着每一个人的健康。

我们研究食物的目标是让食物系统可持续。目前，我国处于农业产能结构性过剩阶段，食物不再短缺。虽然中国每年向国外出口许多粮食，包括饲料粮食，但国内生产的很多农产品还是处于过剩状态，导致滞销等问题，不断有微博帮助农民卖枣、卖苹果、卖猕猴桃等。除了农业生产的阶段性过剩之外，我国还存在大量的食物浪费现象，占比高达50%，也就是说有一半的食物都被浪费了。比如蔬菜、粮食、水果，有一些是到达餐桌之后被浪费的，还有一些是到达餐桌前因为长相、虫咬等问题导致它们无法上市而被浪费的。从全球范围来看，30% 的食物还未到达餐桌就被浪费了，如图 8-3 所示。放眼未来，大量生产、大量消费、大量浪费的这样一个食物系统，已经不可持续。

另外，经研究发现，农业化学品（农药）对人类健康存在很多威胁。比如，18 岁以下的人由于尚未发育成熟，接触农药后的次生代谢物会影响到其神经系统发育。现在有很多人从小就有自闭症或者 2 型糖尿病，且许多其他病症也呈低龄化发病的态势。这些问题或多或少与整个生活环境恶化，特别是频繁接触化学品相关。

On a global scale, over 30% of food is wasted before arriving to the table. 全球范围内来看，30%的食物还未到达餐桌就被浪费。

图 8-3　食物浪费

有一本名为 *Tomato Land* 的书，书中调查了美国的西红柿产业链。可能很多人都曾有过类似的疑问：为什么在超市买到的西红柿不像以前那么好吃，切开之后里边是硬的，没有籽、没有水分？这本书的作者也是从这样的问题开始，调查了美国佛罗里达州西红柿的工业化生产链。佛罗里达州每年生产的西红柿在非冬季占美国市场鲜食西红柿的 1/3 ～ 1/4，冬季则更高，在这种产值大、频率快的生产状态下，该书作者通过调研发现了一些可能具有代表性的问题。

比如，有一位美国移民，在一个西红柿的种植基地工作，她在这份工作期间怀孕、生产，生下来的孩子有先天缺陷，她回忆在整个农田的劳作状态时才发觉自己没有采取任何防护措施，劳作的时候会出汗，会碰到西红柿树的叶子，叶子上的很多农药就会通过皮肤渗入体内，进而破坏循环系统，再加上她未做进一步的补救，这才导致悲剧。

又如，按照传统的农作方式，当西红柿红了之后才开始采收，而高度工业化生产过程中，每一棵西红柿树，要被采收三次，每一次采收的西红柿都是青的，运到仓库，用乙烯催熟，只用三两天就可以变成全红的"完美"的西红柿，但这样的西红柿却没有西红柿该有的味道。

再比如，加利福尼亚州生产的西红柿绝大部分是为了做成罐头，而这里的西红柿都是红了之后才能采收，不能采收青的，这种情况下他们是怎么实现快速采收的呢？他们大量喷洒除草剂，将所有西红柿树变成干枯、死亡状态，然后把红透的西红柿全部采收。

诸如此类，不胜枚举。当面对食物领域的生态问题时，我们举步维艰；当面对食物背后涉及的环境污染、人权保障和社会公正等种种问题时，我们更是一筹莫展。如何让食物系统可持续发展？也许我们应该去探索和尝试，重新认识几千年的文明智慧，最终回归最本质的生活。

8.2　从思考食物共享到实践城市生态学

如何让食物得到应有的尊重并物尽其用？"食物共享"，强调共有食物、共同开展食物生产以及共饮共餐。所"共享"之物，既包括原材料，也包括产品；既包括服务，也包括能力以及空间。

柏林是德国的首都，也是德国人口最多的城市，总面积为892平方千米，拥有逾350万人口。因生活成本低而品质高，还有极佳的基础设施，柏林对艺术家、积极行动者（activist）以及创业者具有莫大的吸引力。在最近20年里，柏林吸引了来自190多个国家的约170万人加入。据2015年的数据，15.5%的柏林市民原为外国人，其中大部分来自土耳其和波兰。在欧洲"家庭友好城市"（family-friendly cities）排名中，柏林位列前五。然而，同样在2015年，每5位柏林人中就有1位处于贫穷状态，而这一比例在移民中更高。

柏林的土地利用形式多样，包含森林（18%）、休闲游憩（12%）和农业（4%）等。柏林城市中有数百块配给土地（allotment，即城镇居民可租来种菜的小块土地）和城市农园，还拥有超过2500个开放的绿色空间。这些地块向居民在其有创新的临时性使用请求时进行开放，比如支持社区和跨文化的农园种植，创建和提升城市的可食景观。

根据现有数据，柏林已有133项城市食物共享行动，其中，占比最高（22%）的共享行动分享的是知识和技能，其次是共餐和分享食物，厨房空间和设施分享占比最低。柏林开展了两项极具代表性的食物共享行动——"食物分享组织"和公共冰箱，以及屋顶水生农场的实践，以引领城市生态学者的创新。

"食物分享组织"是一个非正式的非营利组织，以馈赠的方式分享食物。该组织于2012年在柏林创立，致力于"挽救"那些即将被丢弃的食物。其宗旨在于，"在个人层面上促发教育、重新思考和负责任的行动"。作为一个由志愿者运营的组织和在线物流平台，"食物分享组织"支持分散化食物"挽救"以及点对点的食物共享行动。组织中没有付薪员工，全靠"食物挽救者"（food saver）、店铺管理者、冰箱管理者、联络大使和网络程序人员等提供志愿劳动来运营。该组织也无任何存储设施，食物通过个人及地方网络、公共冰箱（见图8-4，2014年引入，可免费且匿名分享食物，目前"食物分享组织"在不同城市共有约350台冰箱，其中25台在柏林）以及虚拟的"食品筐"（即在线发布信息便于点对点的赠送）而进行分配。据2018年的相关统计，该组织在德国、奥地利、瑞士和其他欧洲国家已拥有超过20万注册用户，并有25 000名接受过培训的"食物挽救者"，共"挽救"了约1280吨食物。图8-5是被"挽救"的食物。

　　"食物分享组织"由多种多样的"共有物"组成，包括食物、冰箱、知识和技能，以及网络技术平台。以公共冰箱为例，它们向所有人开放，这就降低了食物捐赠者和领取者的门槛。参与者无须提供任何个人信息，也无须证明他们"有资格"提供或领取食物。如果没有这样的渠道，那么食物共享网络将局限于通过既有社交网络分享，或是通过网络点对点交换，以及通过紧急救援食物网络分发。

　　然而，人们也对此提出了担忧。既然是共有物，就有潜在的"共有物悲剧"风险。冰箱和其中的食物不属于任何人，那么如果分享的食物不安全，也就无人负责。当然，食物的安全性问题是所有共享食物项目所面临的问题。

　　柏林是欧洲"食物分享组织"最为活跃的城市，成员人数最多，"挽救"食物量甚巨。这可追溯到这座城市自1980年以来在政府公地和社区空间宣扬的"DIY共享文化"。2014年放置于柏林市内的25个公共冰箱，大小形态不同，有的放置在公共区域，有的放置于私有物业之中，或在停车场外，或在社区中心。

　　所有公共冰箱相关的食物分享都遵循一定规则：禁止共享易于滋生细菌的食物（比如生肉和鱼）；严格遵守冷链要求；不可共享任何人未吃完的食物。公共冰箱全天向所有人开放。每台公共冰箱由本地"食物挽救者"进行管理，即便2016年柏林食品安全局出于卫生和安全考虑，对公共冰箱严加管控甚至试图取消设置，但至2018年，柏林的25台公共冰箱启用的4年间，并无因食用公共冰箱中的食物而生病的报告。

　　公共冰箱不仅是分享食物的地点，它们还成了人与人相遇、产生联系的场所，以及鼓励宽容和慷慨的场所。正如一位"食物挽救者"所言："这肯定具有社会意义。因为你经常会在这

图8-4　柏林公共冰箱

图8-5　被"挽救"的食物

里与人相遇，实际上你每次都能在这里遇到人。人们会在这里放点东西或拿点东西，这样常来的人就会彼此认识，人们就会站着聊聊，这种感觉太棒了。妙不可言的是，这让你不再感觉自己是庞大都市中的匿名者，你在邻里社区中获得了归属感。"

食物共享的方式和路径易于效仿，规则、风险与治理之道也是可以探索的，其背后的价值也值得深思。有学者特别针对以"食物分享组织"为代表的城市食物共享的风险做了深入探究。

从城市共有物的角度来看，在诸如柏林这样的全球化城市之中，社区需团结在一起，重新获取并共同管理一些城市空间，比如用作花草和食物种植的城市空间及用作艺术和活动的城市空间，这些空间对抵挡空间"绅士化"的进程及创建更多的经济型住房有一定的积极作用。

换言之，城市共有物通常是通过冲突和斗争而创立的。一旦这样宝贵的城市共有物出现，人们需要去做的就是去认它，或者至少应当对其加以想象。因此，城市共有物堪与城市权（right to the city）等同。正如西蒙·弗雷泽大学地理学教授 Nicholas Blomley 所提出的警告，真正的"共有物悲剧"在于，当共有物确确实实存在时，我们拒绝去承认它。

图 8-6　城市生态学者薇薇安

城市生态学者薇薇安（见图 8-6）参与了柏林屋顶水生农场（见图 8-7）项目，开展了可持续农业研究。

当然，"百闻不如一见"，科学成果普及后才会成为生产力。屋顶水生农场项目特别安排了开放农场以及向公众开放的"温室收获节"活动。"温室收获节"活动中，公众可亲自体验收获的乐趣，并感知屋顶农场的生产力。开放农场活动，则是创造生态专家与市民在试点农场面对面交流的机会。废水处理系统、鱼菜共生和无土种植系统、一体化设计策略，以及在建筑一体化农业种植中产出的产品，等等，都在这些公开活动中得以充分展示。

图 8-7　柏林屋顶水生农场

[1] 巩淼森. 幸福观、生活方式和社会创新：走向可持续社会的设计战略 [J]. 装饰,2010（3）：123-124.

[2] 巩淼森. 为中国社会创新而设计——可持续生活方式与产品服务体系设计初探 [J]. 谢辰宸,董玉妹,译. 创意与设计,2011,5：18-23.

[3] 裴雪. 物联网环境下的食品网络服务系统设计研究——以天蓝地绿农场为例 [D]. 无锡：江南大学,2013：2.

[4] 辛向阳,曹建中. 服务设计驱动公共事务管理及组织创新 [J]. 设计,2014（5）：124-128.

[5] 裴雪,李世国,巩淼森,等. 基于战略设计的创新型食品服务体系发展 [J]. 包装工程,2014,35（20）：12-15.

[6] 曼奇尼 E. 设计,在人人设计的时代 [J]. 创意与设计,2017（2）：67-84.

[7] 李婷婷,何颂飞. 服务设计参与乡村社会创新研究——以泥河沟村的社会创新为例 [J]. 设计,2017（24）：125-127.

[8] 诺曼 D A. 设计心理学：与复杂共处 [M]. 张磊,译. 北京：中信出版社,2015：111-137.

[9] 王国胜. 服务设计与创新 [M]. 北京：中国建筑工业出版社,2015：81-86.

[10] 杨叶秋,宁芳. 设计介入社会创新的探索——米兰理工大学 ARNOLD 项目 [J]. 设计,2018（6）：96-98.

[11] 蔡昉. 穷人的经济学——中国扶贫理念、实践及其全球贡献 [J]. 世界经济与政治,2018（10）：4-20,156.

[12] 鲁可荣,DOKORA T. 民族地区精准扶贫与乡村价值再造——基于云南省禄劝县扶贫项目的实践反思 [J]. 浙江师范大学学报（社会科学版）,2017,42（3）：69-77.

[13] 帕帕奈克 V. 为真实的世界设计 [M]. 周博,译. 北京：中信出版社,2013：11.

[14] 宋建明. 设计作为一种生产力,可精准扶贫 [J]. 装饰,2018（4）：23-27.

[15] 皮永生,段胜峰. 设计介入农品的价值提升研究 [J]. 包装工程,2018,39（10）：8-13.

[16] 黄姝彦,岑华. 精准扶贫战略下羌族文化创意产品开发研究 [J]. 包装工程,2018,39（10）：28-33.

[17] 何人可,郭寅曼,侯谢,等. 基于社区的文化创新："新通道"设计与社会创新项目 [J]. 公共艺术,2016（5）：14-21.

[18] 季铁,郭寅曼. 针对设计参与的特色文化产业的产学研模式探索 [J]. 包装工程,2017,38（24）：18-22.

[19] 郑卓. "互联网＋农业生产"助力新疆农业 [N]. 中华合作时报,2018-12-07（A4）.

[20] 冷英棋. "互联网＋"时代休闲农业发展研究 [D]. 成都理工大学，2016.

[21] 习张贺. "展览本身就是一个艺术品" [N]. 人民日报，2009-10-15.

[22] SUZUKI N, MIYAZAKI K. Flowering of the total person: a practical design philosophy for indigenous-led regional development[J].Bulletin of Japanese Society for the Science of Design, 2008, 55（1）：37-46.